白龟山水库优化调度

主　编　田庆贺　马朝运
副主编　王　森　慕西安
　　　　田　力　丁永昌

黄河水利出版社

内 容 提 要

本书以编者多年来的科研及水库运行管理实践为基础，从理论分析、数学模型、算法程序及应用实践等方面，对白龟山水库优化调度研究及成果的实际运用效果作了全面阐述。本书的内容包括水库概况、洪水预报数学模型、单库调度、梯级水库联合调度、汛限水位动态控制等。可供水利工程设计、运行管理人员和大专院校相关专业师生参考。

图书在版编目(CIP)数据

白龟山水库优化调度/田庆贺，马朝运主编．—郑州：黄河水利出版社，2008.1

ISBN 978-7-80734-110-9

Ⅰ．白…　Ⅱ．①田…　②马…　Ⅲ．水库调度-最佳化-平顶山市　Ⅳ．TV697.1

中国版本图书馆 CIP 数据核字(2007)第 171566 号

出 版 社：黄河水利出版社

地址：河南省郑州市金水路 11 号　　邮政编码：450003

发行单位：黄河水利出版社

发行部电话：0371-66026940　　传真：0371-66022620

E-mail：hhslcbs@126.com

承印单位：黄河水利委员会印刷厂

开本：787 mm×1 092 mm　1/16

印张：10.25

字数：246 千字　　印数：1—1 000

版次：2008 年 1 月第 1 版　　印次：2008 年 1 月第 1 次印刷

书号：ISBN 978-7-80734-110-9/TV·469　　定价：26.00 元

《白龟山水库优化调度》编委

主　编　田庆贺　马朝运

副主编　王　森　慕西安　田　力　丁永昌

编　委　刘德波　魏水平　陆春雨　黄志伟

李付长　褚青来　吴社琴　张国臣

马耀辉　鲁朝显　王银山　徐章耀

赵国真

前　言

水库工程既承担着防洪、除涝等确保人民生命财产安全的社会公益性任务，又承担着利用有限的水资源满足工农业生产、城市生活用水需要的任务，所以在防洪和兴利调度运用上相互矛盾又相互依存。其复杂性主要来自于流域内水情、雨情、墒情的随机性，使调度管理所必需的信息难以准确获得；其次，调度的实时性和管理的综合性也使其复杂性加大。如何对水库进行科学调度，使其防洪、兴利均达到最优状态，是一个具有重要理论意义和实用价值的课题。

本书以编者多年来的科研及水库运行管理实践为基础，从理论分析、数学模型、算法程序及应用实践等方面，对白龟山水库优化调度研究及成果的实际运用效果作了系统阐述。

本书共分为5章：第1章主要介绍了水库概况；第2章建立了洪水预报数学模型；第3章介绍了白龟山水库洪水预报调度；第4章介绍了昭－白梯级水库联合防洪优化调度；第5章介绍了汛限水位动态控制。本书具有内容丰富、系统性强、数据翔实、理论与实际相结合、有实际运用效益等特点，是白龟山水库建成40年来几代工程技术人员研究成果的结晶，是水库运行人员实践经验的集成。

本书在编写过程中得到了河南省白龟山水库管理局，河南省水利勘测设计院、大连理工大学土木水利学院水资源教研室、河南省水文水资源局等单位的大力支持和指导。在此，编者谨此致以衷心的感谢。

由于编者水平所限，书中失当之处在所难免，敬请各位读者批评指正。

编 者

2007年8月

目 录

前 言
第 1 章 概 况 ………………………………………………………… (1)
1.1 流域自然地理与水文气象特征 ………………………………… (1)
1.2 水库基本资料 …………………………………………………… (4)
第 2 章 洪水预报数学模型 ……………………………………………… (7)
2.1 洪水特性 ………………………………………………………… (7)
2.2 数学模型原理 …………………………………………………… (7)
2.3 数学模型参数调试 ……………………………………………… (15)
2.4 实际应用情况 …………………………………………………… (19)
第 3 章 白龟山水库洪水预报调度 ……………………………………… (23)
3.1 总体设计 ………………………………………………………… (23)
3.2 洪水调度中的关键技术 ………………………………………… (26)
3.3 交互式洪水预报子系统 ………………………………………… (33)
3.4 交互式洪水调度子系统 ………………………………………… (40)
第 4 章 昭－白梯级水库联合防洪优化调度 …………………………… (46)
4.1 梯级水库联合防洪调度主要方法及内容 ……………………… (46)
4.2 昭－白梯级水库联合防洪优化调度研究 ……………………… (49)
4.3 防洪优化调度算例求解 ………………………………………… (60)
4.4 昭－白梯级水库联合防洪优化调度规则研究 ………………… (64)
4.5 结 论 …………………………………………………………… (66)
第 5 章 汛限水位动态控制 ……………………………………………… (69)
5.1 概 述 …………………………………………………………… (69)
5.2 设计洪水复核及分期洪水分析 ………………………………… (71)
5.3 利用降雨预报信息及洪水预报信息的可行性 ………………… (95)
5.4 水库防洪预报调度方式研究 …………………………………… (109)
5.5 汛限水位动态控制约束域确定方法及应用研究 ……………… (125)
5.6 汛限水位动态控制方法 ………………………………………… (127)
5.7 汛限水位动态控制方案的效益分析 …………………………… (136)
5.8 白龟山水库汛限水位动态控制的风险分析 …………………… (141)
5.9 初步结论 ………………………………………………………… (153)
参考文献 ………………………………………………………………… (155)

第1章 概 况

1.1 流域自然地理与水文气象特征

1.1.1 自然地理概况

白龟山水库流域现有昭平台、白龟山两座大(Ⅱ)型水库和35座中、小型水库。昭平台、白龟山二库坝址位于淮河流域沙颍河水系沙河干流上。

沙颍河是淮河流域最大支流,发源于伏牛山东麓,在漯河以西流域面积为12 580 km^2。昭平台坝址以上为深山区,山峰重叠,地势陡峻。昭平台—白龟山区间(以后简称昭—白区间)为浅山丘陵区,地势逐渐开阔,两岸山岭较低,河道流入冲积台地,比降较缓,为1/800~1/1 200,河床为小碎石及砂,河身弯曲。白龟山水库坝址处地面高程一般为90~92 m,河床高程为86~87 m。

昭—白区间流域呈扇形,主要河流为沙河。沙河发源于鲁山县石人山主峰东侧,自西向东流。从沙河源头至二郎庙段,河道比降一般在1/40,水流湍急,河宽50~120 m,河床内多为直径0.5~0.6 m的花岗岩砾石,大者可达1~2 m。河槽呈"V"字型。二郎庙以下至下汤区间的比降为1/50~1/340;河槽呈"U"字型,河宽达200 m左右,河床上部为0.1~0.2 m的砾石,向下渐变为较小的砂卵石,沿河阶地常被冲刷崩塌。下汤以下至昭平台一般比降为1/500,河宽达1 000 m,河床砂卵石粒径由粗变细,昭平台坝址以上河道长75 km,落差1 900 m。

昭—白区间,沙河河长约40 km,区间流域面积1 310 km^2。

1.1.1.1 昭平台水库以上的主要支流

荡泽河(古称波水),位于沙河北岸,是沙河上游最大支流,长38.5 km,发源于汝阳县黄花岭,流经鲁山县石坡头、曹楼后,注入昭平台水库。

清水河,位于沙河南岸,发源于鲁山县四棵树乡南分水岭,是沙河上游较大的支流,长25.5 km。

玉皇庙河,发源于石人山主峰东侧,于二郎庙汇入沙河,长16 km。

桃岭河,发源于二郎庙乡桃岭高坡,于上汤村西汇入沙河,长14 km。

窄渠沟河,发源于赵村乡小观音山,于宽步口西汇入沙河,长15 km。

1.1.1.2 白龟山—昭平台区间的主要支流

澎河,发源于南召县杨庄乱石顶山,于孙街与大韩庄之间注入白龟山水库,长51.2 km,流域面积209 km^2。澎河干流上有中型水库澎河水库一座。

瀼河,发源于南召县大东沟,于瀼河村西北注入沙河,长25.5 km,流域面积181 km^2。

大浪河,发源于宝丰县乱柴沟,于辛集乡程村南汇入沙河,全长41 km,流域面积164 km^2。

应河，发源于宝丰县张八桥乡洮洼村南，于平顶山市郊薛庄乡西汇入沙河，全长 27 km，流域面积 164 km^2。

七里河，发源于宝丰县观音寺乡滴水崖南，汝州市、宝丰县、鲁山县交汇处阿婆柴铁山西，于焦枝铁路沙河桥西 1.5 km 处入沙河，全长 29 km，流域面积 161 km^2。上游有中型水库米湾水库一座。

三里河，发源于鲁山县仓头乡军王村北娘娘庙山（海拔 528 m），于焦枝铁路沙河桥东 1.5 km 处汇入沙河，全长 21 km，流域面积 80 km^2。

肥河（溪），发源于鲁山县马楼乡里王庄南与南召县交界处东牛心山（海拔 397 m），在鲁山县瀼河乡高岸头庄西入沙河，全长 25 km。

1.1.1.3　**白龟山水库流域概况**

白龟山水库供水区内主要排水河道有沙河、湛河。湛河为沙河支流，通过平顶山市区下游汇入沙河，见图 1.1。

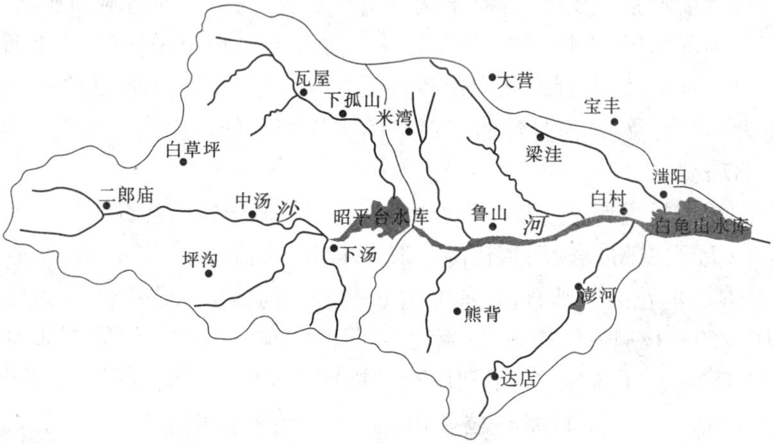

图 1.1　白龟山水库流域图

水库下游马湾安全流量为 2 850 m^3/s，漯河铁路桥安全流量为 3 000 m^3/s，周口安全流量为 3 000 m^3/s，漯河以上集水面积超过 1 000 km^2 的较大支流有北汝河、澧河。在马湾站沙河南岸有泥河洼滞洪区，水库与滞洪区联合运用，使沙河防洪标准达到 20 年一遇。

白龟山水库上游自 1958 年以来共修建了中、小型水库 35 座：中型 2 座，小Ⅰ类 4 座，小Ⅱ类 29 座。其中，昭—白区间 22 座，昭平台水库以上 13 座。昭—白区间总控制面积 353.76 km^2，总库容 1.11×10^8 m^3，其中兴利库容 0.37×10^8 m^3，实际灌溉面积 6.56×10^4 亩❶。昭平台水库以上，控制面积 35.5 km^2，总库容 564.3×10^4 m^3，其中兴利库容 363.8×10^4 m^3。白龟山水库自然地理、水文气象特征值见表 1.1。

1.1.2　水文气象特征

昭—白区间流域在北纬33°40′～33°50′，东经112°50′～113°15′之间，位于亚热带暖湿风气候区向暖湿带半干旱季风气候区的过渡地带，气象特征具有明显的过渡性和季风性。

❶ 1 亩 $=6.67\times10^{-4}$ km^2，余同。

表 1.1　白龟山水库自然地理、水文气象特征值

项目		单位	数值	项目			单位	数值
位置	白龟山水库		北纬 33°40′～33°50′	含沙量		多年平均输沙量	$\times10^6\ m^3$	0.98
			东经 112°50′～113°15′			多年平均含沙量	kg/m^3	4.2
河长	发源地		鲁山县石人山	河道比降		河源至沫河口		0.2‰
	沙河总长	km	620			坝址附近		1.25‰～0.83‰
	坝址以上	km	116			坝址以下		0.2‰
	占总长比		17%		坝址以上	七里河		3.5‰
	七里河	km	29			三里河		5‰
	三里河	km	21			澎河		2.5‰
	澎河	km	51.2			大浪河		6‰
	大浪河	km	41			全沙河		0.2‰
	应河	km	27	降水		坝址以上均值	mm	900
	瀼河	km	25.5			平均最大值	mm	1 243.8
坝址至保护地	漯河	km	128			平均最小值	mm	446.6
	马湾	km	89			单站最大值	mm	—
	岔河	km	57			6～9 月占全年的比值		63%
	堤郑	km	10	蒸发		全流域平均	mm	567
流域面积	沙河全流域	km^2	39 877			库水面蒸发	mm	1 307
	坝址以上	km^2	2 740			5～7 月占全年的比值		44%
	昭平台以上	km^2	1 430	风速		最大(实测值)	m^3/s	24
	澎河以上	km^2	209			风向		冬季为西北风
	澎河—沙河区间	km^2	246			平均	m^3/s	—
	瀼河	km^2	181	流域径流		平均径流量	$\times10^8\ m^3$	8.8
	大浪河	km^2	164			平均径流深	mm	321.2
	应河	km^2	164			最大径流量(1964)	$\times10^8\ m^3$	22.83
	七里河、三里河	km^2	241(161+80)			最大径流深(1964)	mm	833.2
	库区	km^2	105			最小径流量(1966)	$\times10^8\ m^3$	1.27
	坝址至保护地	km^2	—			最小径流深(1966)	mm	46.4

过渡性表现为沙河南部雨水偏多,沙河北部雨水偏少。季风性表现为流域内气候受季风的影响强烈,四季分明,冬季受蒙古高压控制,多西北风,气候干燥,天气寒冷;夏季受西太平洋副热带高压控制,多东南风,降水较为集中。气象变化受季风影响,夏季 6 月以后,热带暖湿气团内移,受西部和南部高山的屏障,极易产生暴雨,是河南省常遇暴雨中心地区。多年平均降水量 900 mm,年内分配极不均匀,60%集中在汛期 6、7、8 三个月。年际变化较大,最大

值和最小值可差5倍。年平均温度约为14 ℃,最低温度达 -18 ℃,最高温度可达42 ℃。年平均相对湿度约为70%,年水面蒸发量为900~1 100 mm。本流域由于暴雨和地形条件,洪水暴涨暴落,极易造成灾害。

1.2 水库基本资料

1.2.1 白龟山水库

白龟山水库位于淮河流域沙颍河水系沙河干流上,坝址位于河南省平顶山市西南郊,距平顶山市中心9 km,它和上游相距51 km的昭平台水库形成梯级水库,是一座集防洪、城市供水、农业灌溉为一体的大(Ⅱ)型综合利用水利工程。水库控制流域面积2 740 km^2,其中昭—白区间流域面积1 310 km^2。该水库兴建于1958年,防洪标准按100年一遇设计,2 000年一遇校核,总库容9.22亿 m^3。水库下游有平顶山、漯河、周口等重要城市及平舞、焦枝、京广铁路,107国道和京深、南平洛、许平南高速公路等国家交通要道。漯河以下的豫皖平原是国家重要粮棉产区,水库工程的安全直接关系着下游豫皖两省人民生命财产的安危,工程地理位置极为重要。

1.2.1.1 工程布置

白龟山水库枢纽工程由拦河坝、顺河坝、北副坝、拦洪闸、泄洪闸、南干渠渠首闸和北干渠渠首闸、拦河坝及顺河坝导渗降压等工程组成。

拦河坝位于九里山与泄洪闸之间,其起点桩号0+000位于坝北头九里山坡,终点桩号1+545.35位于泄洪闸左侧。

顺河坝起点桩号0+000位于泄洪闸右侧,其坝轴线沿沙河右岸一级阶地,先东西走向,约在12+700号桩处折向西南,终点桩号18+016.5。

北副坝位于水库上游左岸薛庄镇附近,沿平顶山市新城区纬四路和经十四路修建。

拦洪闸位于拦河坝桩号0+102.95~0+122.60之间,由闸门房、闸孔和移动式平面钢闸门组成。

泄洪闸位于拦河坝、顺河坝之间,原白龟山岩基上,为7孔带胸墙的开敞式闸,单孔净宽11.0 m,分离式底板。闸室段设7孔弧形钢闸门、检修桥、交通桥、启闭机操纵室及工作室等;上游有防渗铺盖及翼墙;下游有泄槽及两级消力池、海漫防冲槽等。

南干渠渠首闸位于顺河坝9+434号桩处,闸轴线与顺河坝坝轴线斜交,交角80°。主要担负农业灌溉任务。闸室上部为竖井,竖井顶部设启闭机操纵室;下游有消力池等。

北干渠渠首闸为灌溉兼泄洪闸,位于北坝头上游约500 m,朝向北方的山坳处。主要担负农业灌溉及泄洪任务。闸室段设有3孔弧形钢闸门、检修桥、交通桥、启闭机操纵室及工作室;上游有翼墙;下游有消力池、海漫等。

拦河坝导渗降压工程位于拦河坝下游坝脚排水沟东侧,由降压井、导渗廊道、明渠及尾水渠组成。

顺河坝导渗降压工程位于顺河坝12+700号桩以东坝段下游坝脚排水沟及防汛公路南侧,由347眼降压井和暗涵、导渗降压沟、尾水渠管涵组成。

1.2.1.2 **主要技术指标**

1.2.1.2.1 规划指标

(1)死水位 97.5 m,相应库容 0.66×10^8 m^3;

(2)兴利水位 103.0 m,相应库容 3.02×10^8 m^3;

(3)防洪起调水位 102.0 m,相应库容 2.40×10^8 m^3;

(4)100 年设计水位 106.19 m,相应库容 5.53×10^8 m^3;

(5)2000 年校核水位 109.56 m,相应库容 9.22×10^8 m^3。

1.2.1.2.2 工程规模及主要特性

拦河坝的坝型为均质土坝,上游坡率为 1:6.0~1:2.5,下游坡率为 1:3.5~1:2.0,坝顶长度为 1 545.4 m、宽度为 7 m,最大坝高为 24 m,坝顶高程为 110.4 m,防浪墙顶高程为 111.6 m。

顺河坝的坝型为均质土坝,上游坡率为 1:6.0~1:2.5、下游坡率为 1:3.0~1:2.0,坝顶长度为 18 016.5 m,最大坝高为 16.26 m。其中,桩号为 0+000~8+000 的坝段坝顶高程为 110.7~110.8 m,防浪墙顶高程为 111.9~112.0 m,坝顶宽度为 6 m;桩号为 8+000~8+040的坝段坝顶高程由 110.8 m 降至 110.4 m;桩号为 8+040~17+500 的坝段坝顶高程为 110.4 m;防浪墙顶高程为 111.6 m,坝顶宽度桩号为 8+000~13+480 的坝段为 6 m、桩号为 13+480~13+500 的坝段由 6.0 m 过渡到 4.0 m、桩号为 13+500~17+500 的坝段为 4 m;桩号为 17+500~18+016.5 的坝段为重力式浆砌石挡土墙,墙顶高程为 111.6 m、顶宽为 0.4 m、墙高为 2.8 m。

北副坝的坝型为黏土心墙坝,坝顶长度为 3 275 m,坝顶宽度为 8 m,最大坝高为 4.6 m,坝顶高程为 110.0 m(结合平顶山市新城区建设,按微地形处理)。

拦洪闸为移动式平面钢闸门,闸门尺寸 6 m×2.6 m(宽×高),闸底板高程为 109.0 m。

泄洪闸为带胸墙的开敞式闸,闸室内设有 7 孔 11 m×10 m(宽×高)弧形钢闸门,闸底板高程 92.0 m,最大泄量 7 105 m^3/s。

北干渠渠首闸为带胸墙的开敞式闸,闸室内设有 3 孔 5 m×3.5 m(宽×高)弧形钢闸门,闸底板高程为 94.0 m,设计灌溉引水流量为 120 m^3/s,泄洪流量为 200 m^3/s。

南干渠渠首闸为涵洞式结构,闸室内设有 2 孔 2 m×3 m(宽×高)的潜孔式平面定轮钢闸门,闸底板高程为 95.0 m,设计灌溉引水流量为 35 m^3/s。

1.2.1.3 **主要经济指标**

(1)兴利效益——白龟山水库兴利库容 3.02×10^8 m^3,年均提供工业及生活用水量可达到 $1.5\times10^8\sim2.0\times10^8$ m^3。

(2)灌溉效益——设计灌溉面积 50×10^4 亩。

(3)防洪效益——白龟山水库总库容 9.22×10^8 m^3,其中防洪库容 6.82×10^8 m^3。防洪标准可以达到 2 000 年一遇,对保护下游的防洪安全将起到重要作用,社会经济效益十分显著。

1.2.2 昭平台水库

昭平台水库位于淮河流域沙颍河水系沙河干流上,坝址位于河南省平顶山市鲁山县城以西 12 km,它和下游相距 51 km 的白龟山水库形成梯级水库。昭平台水库控制流域面积

1 430 km^2,水库最大库容为 6.85×10^8 m^3,是以防洪、灌溉为主,兼顾养殖、发电及工业供水等综合利用的大(Ⅱ)型水利工程。工程设计标准按100年一遇洪水设计,5 000年一遇洪水校核。

1.2.2.1　**工程布置**

昭平台水库建筑物由主坝、副坝、主溢洪道、非常溢洪道、输水洞等工程组成。

大坝的坝型为黏土斜墙砂壳坝,防浪墙顶高程为183.0 m,坝顶高程为181.8 m,坝顶长度为拦河坝2 315 m、副坝923 m,坝顶宽为7.0 m,最大坝高为35.5 m。

主溢洪道位于尧沟。堰顶高程为164.0 m,泄洪闸5孔10 m×11 m,最大泄量为4 290 m^3/s。

非常溢洪道位于杨家岭。堰顶高程为169.0 m,泄洪闸16孔10 m×9 m,最大泄量为9 152 m^3/s。

输水洞的进口高程为150.0 m,出口高程为149.18 m,直径为3.5 m,最大泄量141 m^3/s。

1.2.2.2　**主要技术指标**

(1)死水位159.0 m,相应库容 0.36×10^8 m^3;

(2)兴利水位174.0 m,相应库容 3.94×10^8 m^3;

(3)防洪起调水位169.0 m,相应库容 2.32×10^8 m^3;

(4)100年设计水位177.6 m,相应库容 5.36×10^8 m^3;

(5)5 000年校核水位180.94 m,相应库容 6.85×10^8 m^3。

第2章　洪水预报数学模型

2.1　洪水特性

白龟山水库流域处于南、北气候的过渡地带，属于半湿润地区，汛期经常发生大强度的暴雨，且降雨时空分布不均。昭—白区间流域是从山区过渡到平原，下垫面情况比较复杂，且由于其是由山区、丘陵区和平原组成的，所以支流较多、植被较差。南部支流澎河上建有澎河中型水库，控制面积为209 km^2，占昭—白区间面积的1/6，其调节作用对流域洪水影响较大。此外，流域内还有很多坑、塘、堰、坝，暴雨形成洪水既有蓄满产流，又有超渗产流；流域面积呈扇形，暴雨强度大，汇流速度快、时间短，汇流特性受降雨时空分布、走向、净雨强度等影响明显。根据本流域的具体特性，考虑模型要反映主要影响因素，结构简单合理，参数较少，物理意义明确，适应性强，随着资料的积累和人类活动影响、下垫面变化，能够补充和改进。拟定采用蓄满产流与超渗产流结合的产流模型和模式单位线汇流模型。昭—白区间流域暴雨资料齐全，较大的入库洪水过程可用水库水位和泄流过程反推。从水文资料分析，可以用于建立洪水预报数学模型。

经分析，白龟山水库流域与大伙房水库主支苏子河流域的水文气象特征（如降水、蒸发、径流）、流域形状、下垫面状况等较相似，详见表2.1。所以，白龟山水库洪水预报方案，选用了大伙房流域模型。

表2.1　白龟山与苏子河流域水文气象、自然地理特征比较

流域名	流域面积(km^2)	河流长度(km)	年均降水量(mm)	年均蒸发量(mm)	年均流量(m^3/s)	河道比降(‰)	下垫面特征
白龟山	2 740	116	900	1 100	13.4	1.2	半湿润、山区、植被良好
苏子河	2 012	132	812	1 100	18.2	2.3	半湿润、山区、植被良好

2.2　数学模型原理

该流域模型由两部分组成：一是十参数蓄满、超渗产流模型，引用双层入渗曲线进行扣损计算并以抛物线描述表层蓄水量和下层渗率的分布状况；二是以模糊模式识别单位线作为洪水过程计算的汇流模型，模型参数随降雨分布及累积净雨而变，模型参数多半在满足其物理意义的前提下确定，部分用优选法选定或试错法确定。

2.2.1　产流模型

其极值为表层蓄水容量 S_0；下层土壤中的张力水蓄量称为下层蓄水量 U_a，其极值为下

层蓄水容量 U_0；地下水表层土壤中的张力水蓄量与植物截流、填洼储存合称为表层蓄水量 S_a，蓄水层的蓄水量以 V_a 表示，其极值为地下水库蓄水容量 V_0。按照流程图(见图 2.1)下渗产流的过程是：先从流域平均雨强，即时段雨量 P 中扣除雨间蒸发量 E_D，其剩余量为净雨强 P_E。

$$P_E = P - E_D$$

$$E_D = K_c \times E_R / C$$

式中：K_c 为流域蒸发能力与大水体蒸发量 E_R 的比值；C 为一日降雨观测的时段数。由 P_E 扣除不透水面积上的直接径流量 Y_0，其剩余量为净渗雨强 P_c，即

$$P_c = P_E - Y_0 = P - E_D - Y_0$$

$$Y_0 = g \times P_E$$

式中：g 为不透水面积占全流域面积的比值。

然后，从 P_c 中扣除表层缺水量$(S_0 - S_a)$，其剩余量定为下渗强度 R，即

$$R = P_c - (S_0 - S_a)$$

再由 R 中扣除流域平均总下渗率 f 值，其剩余部分为表层流量 Y_u，并定义 R 与 Y_u 之差为下层下渗强度 R_c，即

$$R_c = R - Y_u$$

当 $R_c > f$ 时，按 $R_c = f$。

下层下渗强度扣除下层土壤缺水量后的剩余量为地下水库下渗强度 R_L，即

$$R_L = R_c - (U_0 - U_a)$$

因下层土壤缺水量空间分布不均匀，只有缺水量得到满足的流域上，才有地下水库下渗，若全流域达到田间持水量，才有全流域地下水库下渗。引用下层下渗率 f_u，从 R 中扣除 f_u，得总径流量 Y(指表层与地下径流)，Y 扣除 Y_u 得 Y_L，则地下径流量为

$$Y_L = K_W \times R_L$$

式中：K_W 为 Y_L 与 R_L 的比值，$0 \leqslant K_W \leqslant 1$。

产流分水源计算后，用数学化的经验单位线分别求地下与表层径流过程，叠加求出总出流过程。

产流的计算过程是按模型概化流程图(见图 2.1)，先从流域平均雨强，即时段雨量 P 中扣除雨间蒸发量 E_D，其剩余量为净雨强 P_E。

2.2.1.1 表层扣损计算与下渗曲线

2.2.1.1.1 表层扣损计算

表层各点蓄水量在流域上空间分布是不均匀的，假定用 $a-1$ 次抛物线来描述，如图 2.2所示。

$$\beta = 1 - (1 - S/S_M)^{a-1}$$

由上式，得

$$S_a = \int_0^{S_m} (1 - S/S_M)^{a-1} \mathrm{d}S$$

$$= S_m / a \times [1 - (1 - S_m/S_M)^a]$$

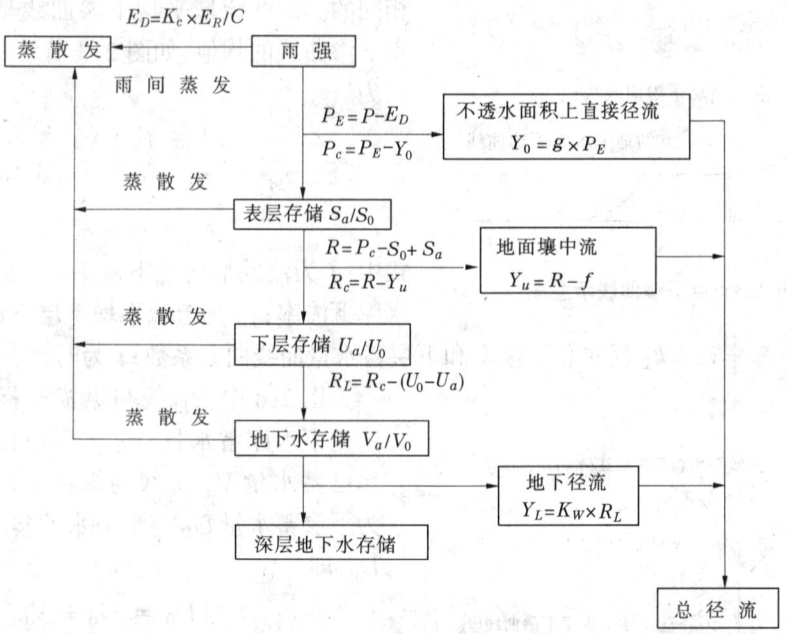

图 2.1 模型概化流程

注: 图中,S_0 为表层蓄水容量;U_0 为下层蓄水容量;D_0 为下层蓄水容量与地下水库蓄水容量(V_0)之和;g 为不透水面积占全流域面积之比值;K_c 为流域蒸散发能力与大水体蒸发量的比值;A 为表层蓄水容量曲线形状参数;B 为下渗率抛物线分配曲线形状参数;K 为下层下渗曲线曲率。

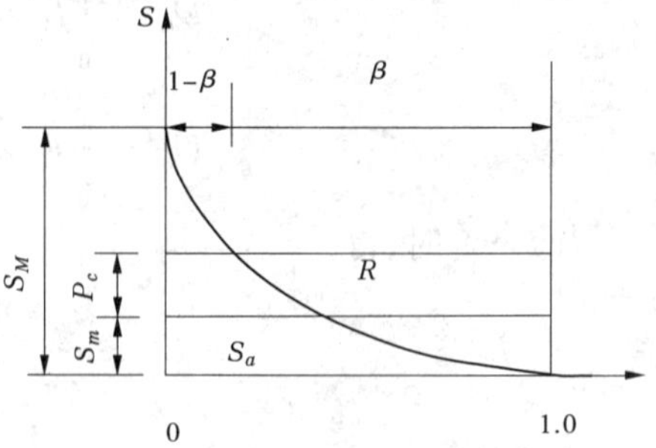

图 2.2 表层蓄水容量分配曲线

当 $S_M=S_m$ 时

$$S_a = S_0$$

$$S_M = a\times S_0$$

$$S_m = a\times S_0\times\left[1-(1-S_a/S_0)^{\frac{1}{a}}\right]$$

在 S_m 至 S_m+P_c 区域积分解得

$$R = P_c + S_a - S_0 + S_0\times(1-\frac{S_m+P}{S_M})^a$$

当 $S_m+P_c\geqslant a\times S_0$ 时,得

$$R = P_c - (S_0 - S_a)$$

当 $S_m+P_c<a\times S_0$ 时,得

$$R = P_c + S_a - S_0 + S_0\times(1-\frac{S_m+P}{a\times S_0})^a$$

式中:β 为已蓄满面积占全流域面积百分数;S 为表层点蓄水量,S_m 为相应于 S_a 点蓄水量;S_a 为表层流域平均蓄水量;S_M 为表层点最大蓄水量;a 是曲线形状参数;S_0 为表层蓄水含量;P_c 为净渗雨强;P 为净雨强。

当 S_a,a 已定,由上式根据 P_c、S_a 可求下渗强度 R。

2.2.1.1.2 下渗曲线

假定各点下渗曲线如图 2.3 所示,各点下渗曲线的最大初渗率 f_0 及最大历时 t_M 是不

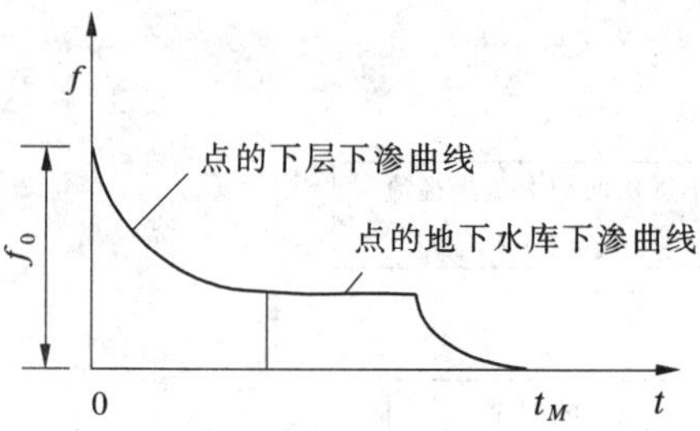

图 2.3　点下渗曲线示意图

相同的。因此流域平均下渗曲线是流域上无数点下渗曲线的均值,如图 2.3 所示。其数学表达式为

$$f = f_0 \times e^{-k_1 t}$$

$$f_L = f_0 \times (e^{-k_1 t} - e^{-k_2 t})$$

$$f_u = f_0 \times e^{-k_2 t}$$

式中:f 为流域平均总下渗率;f_L 流域平均地下水库下渗率;f_u 为流域平均下层下渗率;f_0 流域平均最大下渗率;k_1、k_2 反映总下渗率和下层蓄水量曲线曲率系数;t 为时程。

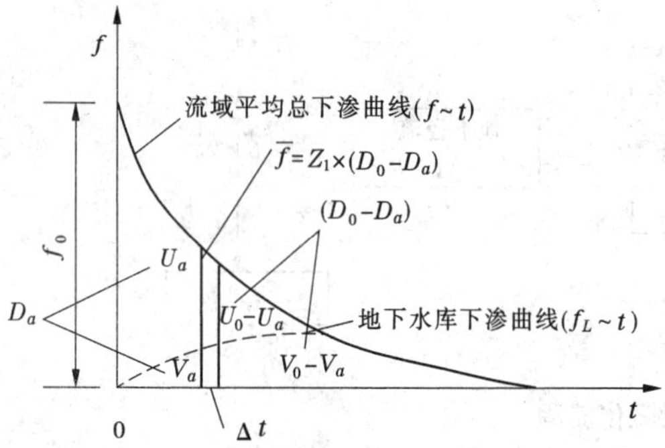

图 2.4　流域平均下渗曲线

图 2.4 中,f_L 线与纵横坐标所包围面积为地下水库蓄水量 V_0,t 以左部分为地下水库已蓄水量 V_a,f 线与纵横坐标所包围面积为下层蓄水量 U_0 与地下水库蓄水量 V_0 之和 D_0,即

$$\begin{cases} D_0 = U_0 + V_0 \\ D_a = U_a + V_a \end{cases}$$

为推导时段径流计算公式,先由图 2.4 推导出 Δt 时段平均总下渗率 $\overline{f}$ 与 D_a 的关系式,以及时段平均下层下渗率 $\overline{f}_a$ 与 U_a 的关系,即

$$D_a = \int_0^t f_0 \times e^{-k_1 t} dt = \frac{f_0}{k_1}(1 - e^{-k_1 t})$$

$$U_a = \int_0^t f_0 \times e^{-k_2 t} dt = \frac{f_0}{k_2}(1 - e^{-k_2 t})$$

当 $t \to \infty$ 时,得

$$D_0 = f_0 / k_1$$

$$U_0 = f_0 / k_2$$

$$k_1 = k_2 \times U_0 / D_0$$

$$e^{-k_1 t} = 1 - D_a / D_0$$

$$e^{-k_2 t} = 1 - U_a / U_0$$

Δt 时段的流域平均总下渗量 $\overline{f}$ 与流域平均下层下渗量 $\overline{f}_u$ 分别为

$$\overline{f} = \int_t^{t+\Delta t} f_0 \times e^{-k_1 t} dt = \frac{f_0}{k_1} \times e^{-k_1 t} \times (1 - e^{-k_1 \Delta t})$$

$$\overline{f}_u = \int_t^{t+\Delta t} f_0 \times e^{-k_2 t} dt = \frac{f_0}{k_2} \times e^{-k_2 t} \times (1 - e^{-k_2 \Delta t})$$

解得

$$\overline{f} = (D_0 - D_a) \times (1 - e^{\frac{-k_2 \times U_0}{D_0} \times \Delta t})$$

$$\overline{f}_u = (U_0 - U_a) \times (1 - e^{-k_2 \Delta t})$$

令 $$Z_1 = 1 - e^{\frac{-k_2 \times U_0}{D_0} \times \Delta t}, Z_2 = 1 - e^{-k_2 \Delta t}$$

式中:Δt 为单位时段长。则可得

$$\overline{f} = Z_1(D_0 - D_a)$$

$$\overline{f}_u = Z_2(U_0 - U_a)$$

D_a 是 U_a 的函数,进一步求得

$$D_a = D_0 \times [1 - (1 - U_a/U_0)^{\frac{k_1}{k_2}}]$$

且有 $$D_a = D_0 \times [1 - (1 - U_a/U_0)^{\frac{U_0}{D_0}}]$$

2.2.1.2 **径流计算**

为描述时段平均总下渗率与平均下层下渗率在流域上分布的不均匀,引用抛物线分配曲线(见图 2-5)。

数学表达式为

$$\alpha_1 = 1 - (1 - \frac{f}{F_1})^{B-1}$$

$$\alpha_2 = 1 - (1 - \frac{f}{F_2})^{B-1}$$

式中:α_1 为地面壤中流 Y_u 的径流系数;α_2 为 $Y = Y_u + Y_L$ 的径流系数;f 为点下渗率;F_1 为流域内点最大的总下渗率;F_2 为流域内下层点最大下渗率;B 为分配曲线形状系数。

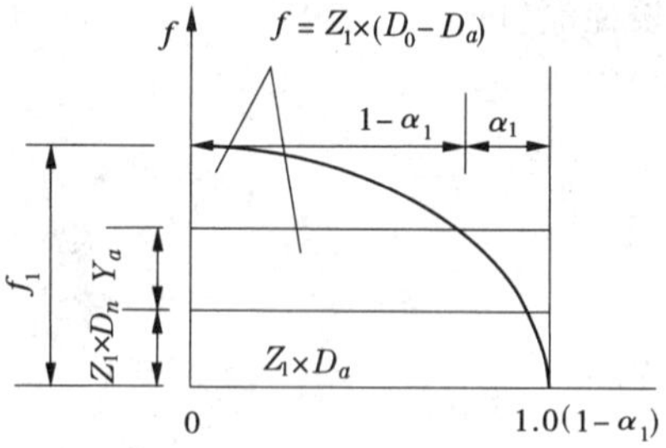

(a)总下渗率分配曲线

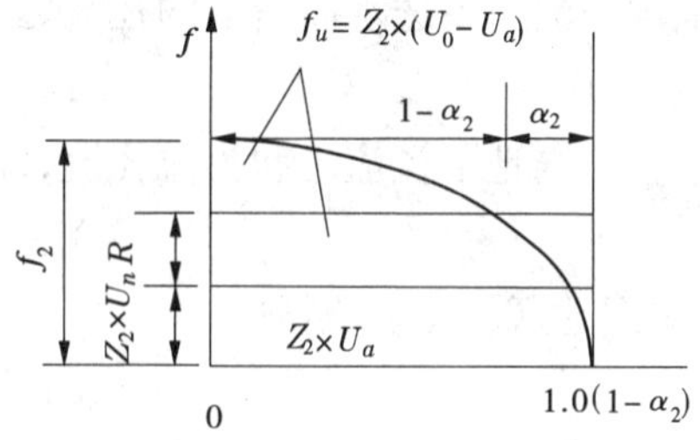

(b)下层下渗率分配曲线

图 2.5 时段平均下渗率流域分配曲线

注:图中,D_n 为相应于 D_a 的点总蓄水量;U_n 为相应于 U_a 的下层点蓄水量。

2.2.1.2.1 径流计算

由图 2.5(b),可得

$$Z_2 \times U_n = \int_0^{Z_2 \times U_n} (1 - f/F_2)^{B-1} \mathrm{d}f \qquad (2.1)$$

当 $Z_2 \times U_n = F_2$ 时,$Z_2 \times U_n = Z_2 \times U_0 \times B$,有

$$F_2 = Z_2 \times B \times U_0 \qquad (2.2)$$

求得

$$U_n = B \times U_0 \times [1 - (1 - U_a/U_0)]^{\frac{1}{B}} \qquad (2.3)$$

且有

$$Y = \int_{Z_2 \times U_n}^{Z_2 \times U_n + R} [1 - (1 - f/F_2)^{B-1}] \mathrm{d}f \tag{2.4}$$

求得

$$Y = R + Z_2 \times U_a - Z_2 \times U_0 + Z_2 \times U_0 \times (1 - \frac{Z_2 \times U_n + R}{B \times U_0 \times Z_2})^B$$

当 $R + Z_2 \times U_n > F_2$ 时(即 $R + Z_2 \times U_n > Z_2 \times B \times U_0$),有

$$Y = R - Z_2 \times U_0 + Z_2 \times U_a = R - \overline{f}_u \tag{2.5}$$

2.2.1.2.2　地面壤中流的计算

当 $Z_1 \times D_n + R \leqslant Z_1 \times B \times D_0$ 时,有

$$Y_u = R - Z_1 \times D_0 \times (1 - U_a/U_0)^{\frac{U_0}{D_0}} + Z_1 \times D_0 \times (1 - \frac{Z_1 \times D_n + R}{B \times Z_1 \times D_0})^B \tag{2.6}$$

当 $Z_1 \times D_n + R > Z_1 \times B \times D_0$ 时,有

$$Y_u = R - Z_1 \times D_0 \times (1 - U_a/U_0)^{\frac{U_0}{D_0}} \tag{2.7}$$

$$D_n = B \times D_0 \times [1 - (1 - U_a/U_0)^{\frac{U_0}{B \times D_0}}] \tag{2.8}$$

因 Y 扣除 Y_u 得地下水库下渗强度 R_L,在 $K_W = 1.0$ 的地区(湿润地区的闭合流域),Y 可视为地面壤中流与地下径流之和,即

$$Y = Y_u + Y_L \tag{2.9}$$

地面壤中流与不透水面积上的径流之和为地表径流,即

$$Y_s = Y_u + Y_0 \tag{2.10}$$

地表径流与地下径流之和为总径流,即

$$Y_T = Y_s + Y_L \tag{2.11}$$

因此,在湿润地区的闭合流域中,有

$$Y_T = Y + Y_0。$$

2.2.1.3　**蒸发计算模型**

当降雨量超过流域蒸发能力时,即净渗雨强 $P_c > 0$,产生下渗,土壤蓄水量增加。

(1)表层蓄水量计算。

考虑时段 t

$$S_{a(t+1)} = \int_0^{S_{mt} + P_{ct}} (1 - S/S_M)^{a-1} \mathrm{d}s = S_0 \times [1 - (1 - \frac{S_{mt} + P_{ct}}{a \times S_0})^a] \tag{2.12}$$

逐时段计算 S_a,则

$$S_{a(t+1)} = S_{at} + P_{at} - R_t \tag{2.13}$$

式中:t 为时段序。

(2)下层土壤蓄水量计算。

逐时段计算 U_a,则

$$U_{a(t+1)} = U_{at} + R_t - Y_t \tag{2.14}$$

按日计算时,将式(2.5)代入式(2.14),则:

当 $Z_2 \times U_n + R_t < Z_2 \times B \times U_0$ 时,有

$$U_{a(t+1)} = U_{at} + Z_2 \times (U_0 - U_{at}) - Z_2 \times D_0 \times [1 - (\frac{Z_2 \times U_{nt} + R_t}{B \times Z_2 \times U_0})^B] \quad (2.15)$$

当 $Z_2 \times U_n + R_t \geqslant Z_2 \times B \times U_0$ 时,有

$$U_{a(t+1)} = U_{at} + Z_2 \times (U_0 - U_{at})$$

(3)当日流域平均降雨量小于流域日蒸发能力,即 $P < E_D$ 时,土壤蓄水量将减少。

假定表层蒸发能力等于流域平均蒸发能力,且每次下渗后的初次蒸散发皆从地表开始。

如图2.6所示,有

$$E_{ct} = E_{Dt} - P_t$$

$$E_{B(t-1)} = \sum_{N}^{t-1} E_c$$

$$E_A = E_{Bt} = E_{B(t-1)} - E_{ct}$$

式中:N 为下渗结束、蒸发开始时的日期;E_{ut} 为表层可蒸发量。

$$E_{ut} = S_0 \times [(1 - \frac{1 - E_{B(t-1)}}{a \times S_0})^a - [1 - \frac{E_{Bt}}{a \times S_0})^a]$$

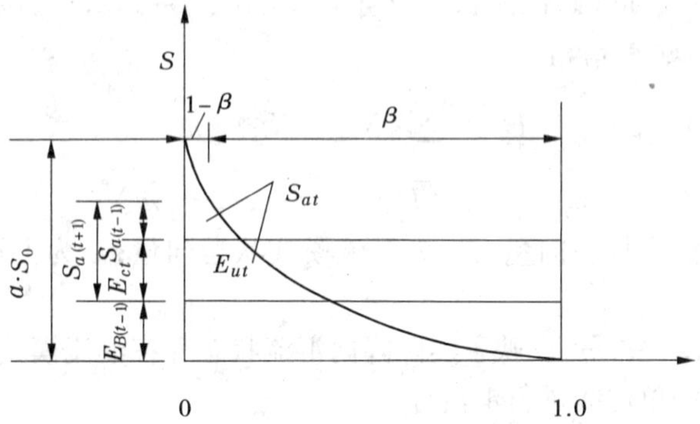

图2.6　表层蒸散发程序图

$t+1$ 日表层蒸发量的计算公式为

$$S_{a(t+1)} = S_{at} - E_{ut}$$

(4)下层蓄水量 U_a 计算。

假定表层蓄水量蒸发尽后,下层开始蒸发,下层蒸发量 E_L 与下层蓄水量 U_a 成比例关系,即

$$E_L = (E_c - E_u) \times U_a / U_0$$

当 $S_a - E_u < 0$ 时,有

$$E_L = (E_c - S_a) \times U_a / U_0$$

则$(t+1)$日下层土壤蓄水量计算公式为

$$U_{a(t+1)} = U_{at} - E_L$$

式中:$E_c = E_{Dc} - P$;$E_B = \sum E_c$。

2.2.2 汇流模型

汇流计算模型是以模糊理论为基础的模式单位线进行汇流计算的。应用模糊向量描述流域的降雨汇流条件，构成降雨汇流状态向量，每一条单位线与其状态向量构成一种汇流模式。计算实际降雨的状态向量和各单位线对应的状态向量的贴近度，根据就近原则，选用贴近度最大的单位线作汇流计算。

2.2.2.1 降雨汇流状态的模糊向量描述

分析流域的汇流特性，确定影响汇流的主要因素，假设有 n 个，用 $X_1,X_2,\cdots,X_n$ 表示。一次径流形成过程中，各因素都有相应的具体状态，通过分析计算可将它们在[0,1]区间上定量，则有 $X_1,X_2,\cdots,X_n$，将指标值有次序地放在一起，构成一个模糊向量 $P(X_1,X_2,\cdots,X_n)$，称为其汇流状态向量。径流过程 $Q\sim t$ 的汇流特征和其汇流状态向量相对应。推求单位线时分析计算各流域因素的定量值，确定各自的汇流状态向量，如有 m 条单位线，则相应的汇流状态向量分别为 $P_1(X_{11},X_{12},\cdots,X_{1n}),P_2(X_{21},X_{22},\cdots,X_{2n}),\cdots,P_m(X_{m1},X_{m2},\cdots,X_{mn})$，每条单位线与其汇流状态向量即构成一个汇流模式。

2.2.2.2 模糊模式识别选单位线

根据各种降雨汇流状态下的实际洪水，推求数条单位线。在应用模糊向量描述降雨汇流状态的基础上，计算实际降雨汇流状态向量 P_r 对第 $j(j=1,2,\cdots,m)$ 个汇流模式的降雨汇流状态向量 P_j 的贴近度 σ_{rj}，有

$$D=\sum_{k=1}^{n}(X_{rk}-X_{rj})^2/n$$

$$\sigma_{rj}=1-\sqrt{D}\quad(j=1,2,\cdots,m)$$

式中：X_{rk} 为实际降雨汇流状态向量；X_{rj} 为汇流模式状态向量；n 为汇流因数；m 为汇流模式。

贴近度 $\sigma_{rj}(j=1,2,\cdots,m)$ 反映了实际降雨汇流状态和各汇流模式的一致程度，然后选最大对应的汇流模式的单位线进行汇流计算。

对水库流域的具体分析，汇流模式主要由降雨分布特性决定。用 10 个雨量站的相对降雨量表征流域降雨分布，用时段平均净雨表征次净雨强度，共 11 个因素的状态构成流域汇流状态向量。10 个雨量站的降雨模式向量见表 2.2。

表 2.2 流域降雨模式向量

雨型	模式向量									
	1	2	3	4	5	6	7	8	9	10
均匀	0.10	0.10	0.10	0.10	0.10	0.10	0.10	0.10	0.10	0.10
上游	0.05	0.05	0.05	0.10	0.10	0.05	0.15	0.15	0.15	0.15
下游	0.15	0.15	0.15	0.05	0.10	0.15	0.10	0.05	0.05	0.05
偏北	0.05	0.15	0.10	0.15	0.15	0.05	0.10	0.15	0.05	0.05
偏南	0.15	0.05	0.05	0.05	0.05	0.15	0.10	0.05	0.15	0.20

2.2.2.3 库区水面降雨的处理

白龟山水库库区水面占全流域面积的比重相对较大，水面降雨直接使库水位上涨。降

雨强度较大时，降雨期间，水位涨势明显，反推一次集中降雨(单峰)的实际洪水过程，其为一条形状复杂的曲线。调试单位线时，只以主要指标为控制指标，符合总体峰量及形状要求。在降雨开始的涨水段，流量过程有差别。在模型中经分析，考虑把库区水面平均时段降雨量扣除雨间蒸发量后的水量作为直接产流的净雨量，从全流域时段净雨量中扣除这一部分，剩余为修正净雨量，仍按原来的单位线汇流计算方法计算。把库区水面平均时段净雨超出全流域平均时段净雨的部分直接转化为时段入库流量，直接加到流域汇流过程上。

2.2.2.4 单位线汇流计算公式

根据流域各站降雨判定分布类型，由计算的净雨过程求净雨强度指标，逐项根据计算的贴近度按择近原则进行识别，选取模式单位线，逐时段进行洪水过程计算，预报出区间洪水过程。然后叠加上游水库的泄流演进过程作为总入库洪量。单位线汇流计算采用两段曲线拟合，计算公式为

$$q_1(j) = A \times e^{-\frac{(t_p-j)^{k_1}}{B_1}} \quad (j < t_p)$$

$$q_2(j) = A \times e^{-\frac{(j-t_p)^{k_2}}{B_2}} \quad (j \geqslant t_p)$$

式中：A 为峰值；t_p 为峰现时间；B_1、k_1、B_2、k_2 为曲线形状参数。

单位线用上述两公式所绘曲线拟合得出。单位线底宽根据流域汇流时间设定为 18 个时段，j 为时段序号。

2.3 数学模型参数调试

因洪水预报模型参数较多，这里把寻求满意解集的经济与实效性作为评价优选方法的标准。大伙房模型的参数，曾经在物理意义范围内初设上、下限域值，应用非线性规划法寻优。这次优选是将原优选参数作为初始值，产流参数以合格率最高为目标，汇流参数以峰值与峰现时间合格率最高为目标，以人—机交互方式进行调试。

按照前述模型原理和计算公式分别调试产、汇流参数，产流模型参数依据 1967～1991 年的 36 次洪水资料(其中平均时段净雨最小 11 mm，最大是 25 mm)，汇流模型参数调试选其中 12 次有流量过程的洪水(最小洪峰流量为 710 m^3/s，最大洪峰流量是 6 299 m^3/s)。

产流参数 S_0、U_0 用久旱后暴雨的洪水资料的初损和最大缺水量确定，根据流域内不透水面积推求，按半湿润地区 $K_W=1.0$，产流计算的其他参数用优选法或分层优化法求出；汇流参数用试错法调试，在物理意义范围内调试的模型参数列于表 2.3 和表 2.4。

表 2.3 调试产流参数

参数符号	E_6	E_7	E_8	E_9	K	A	B	S_0	U_0	D_0
原程序输入固定值	9	8	8	7	0.3	4.13	1.5	45	85	130
相对参数值比	1.04	0.83	1.005	1.100	0.70	2.20	1.850	0.70	0.70	0.80
绝对值	9.36	6.64	8.04	7.70	0.21	9.09	2.78	31.50	59.50	104
适当调整	9.4	6.6	8.0	7.7	0.2	9.1	2.8	32	60	104

表 2.4　调试汇流参数

单位线序号	A	T_p	T_d	K_1	B_1	K_2	B_2
1	480	5	25	0.8	1.1	0.62	1.17
2	580	4	25	0.5	0.58	0.61	1.10
3	330	6	25	0.8	1.0	0.5	1.48
4	780	4	25	0.7	0.7	0.58	0.68
5	600	5	25	0.8	0.9	0.57	0.9
6	550	5	25	1.1	1.1	0.71	1.18
7	900	3	25	2	0.95	1.9	0.9
8	550	3	25	1.35	0.85	0.86	1.6
9	550	5	25	0.85	1.05	0.65	1.2
10	350	7	25	1.0	1.2	0.6	1.7
11	600	5	25	0.4	0.3	0.55	1.1

产流调试结果如表 2.5 所示。

表 2.5　产流调试结果

序号	年份	开始日期（月·日）	结束日期（月·日）	降雨量（mm）	蒸发量（mm）	预报净雨量（mm）	实际净雨量（mm）	绝对误差（mm）	相对误差
1	1967	07.09	07.12	173.54	8.15	103.45	92.50	10.95	0.12
2	1968	09.17	09.18	141.82	3.20	76.74	74.90	1.84	0.02
3	1969	09.20	09.26	158.72	19.10	53.66	51.00	2.66	0.05
4	1970	07.24	07.25	62.99	1.67	13.59	14.60	−1.01	−0.07
5	1970	07.28	07.29	49.60	3.36	15.80	17.70	−1.90	−0.11
6	1971	06.24	06.25	94.06	4.92	31.72	33.20	−1.48	−0.04
7	1971	06.28	06.29	178.67	1.57	136.93	145.80	−8.87	−0.06
8	1971	07.20	07.23	66.03	4.34	15.66	22.90	−7.24	−0.32
9	1973	07.05	07.06	107.72	3.79	57.02	54.90	2.12	0.04
10	1974	06.01	06.02	128.21	1.53	83.66	71.30	12.36	0.17
11	1975	07.25	07.25	66.29	2.84	12.57	14.80	−2.23	−0.15
12	1975	08.04	08.09	331.78	15.04	249.21	255.50	−6.29	−0.02
13	1976	07.17	07.20	120.44	9.31	52.99	53.00	−0.01	0.00
14	1977	06.24	06.25	64.50	3.22	10.93	13.00	−2.07	−0.16
15	1977	07.07	07.07	46.49	2.27	9.26	11.11	−1.85	−0.17
16	1977	07.16	07.17	67.29	4.53	25.10	26.40	−1.30	−0.05

续表 2.5

序号	年份	开始日期（月·日）	结束日期（月·日）	降雨量（mm）	蒸发量（mm）	预报净雨量（mm）	实际净雨量（mm）	绝对误差（mm）	相对误差
17	1977	07.25	07.25	48.95	2.49	18.86	18.20	0.66	0.04
18	1978	07.01	07.04	115.47	6.35	41.29	32.80	8.49	0.26
19	1979	07.11	07.11	91.12	1.40	38.82	38.30	0.52	0.01
20	1979	07.14	07.15	68.19	1.92	38.89	42.50	−3.61	−0.08
21	1980	06.15	06.16	84.97	3.45	24.16	25.50	−1.34	−0.05
22	1981	07.13	07.15	83.08	4.86	21.81	21.80	0.01	0.00
23	1982	07.27	08.04	232.0	15.45	143.95	129.00	14.95	0.12
24	1982	08.11	08.14	130.01	8.97	82.56	98.00	−15.44	−0.16
25	1983	08.09	08.12	173.98	7.15	86.73	93.60	−6.87	−0.07
26	1983	09.06	09.09	133.11	5.02	49.63	53.60	−3.97	−0.07
27	1984	07.23	07.26	93.62	5.72	37.04	37.10	−0.06	0.00
28	1986	06.26	06.26	60.57	1.47	12.00	35.30	−23.30	−0.66
29	1986	08.14	08.14	71.25	1.50	17.31	19.30	−1.99	−0.10
30	1987	09.28	09.29	91.65	2.69	24.45	24.50	−0.05	0.00
31	1988	08.09	08.15	172.09	11.59	81.37	73.40	7.97	0.11
32	1989	07.10	07.10	40.10	2.92	9.91	11.00	−1.09	−0.10
33	1990	07.20	07.20	90.70	3.01	36.75	24.10	12.65	0.52
34	1990	07.26	07.26	47.80	0.81	26.71	25.91	0.80	0.03
35	1990	08.14	08.15	98.90	4.55	51.49	50.75	0.74	0.01
36	1991	07.16	07.16	143.60	1.59	71.92	86.00	−14.08	−0.16

汇流调试结果如表 2.6 所示。

表 2.6　汇流调试结果

洪号	单位线号	净雨量（mm）	实际峰值（m^3/s）	计算峰值（m^3/s）	相对误差	实现时间（h）	计算时间（h）	时差（h）	结果
1967.7.10.02	3	3.00	2 338	1 910	−0.18	18	19	+1	+
1968.9.17.24	2	4.68	960	961	0.00	13	12	−1	+
1971.6.28.18	10	18.23	6 299	5 371	−0.15	6	7	+1	+
1973.7.05.24	5	4.28	1 635	1 594	−0.03	12	12	0	+
1974.6.01.20	11	10.16	3 500	2 561	−0.27	7	7	0	×
1975.8.07.10	10	6.43	3 210	2 939	−0.08	15	15	0	+
1976.7.18.14	9	3.18	710	689	−0.03	14	14	0	+
1979.7.11.20	1	7.66	1 040	1 086	0.04	6	6	0	+
1982.8.13.20	4	8.64	1 296	1 286	−0.01	11	11	0	+
1983.8.10.02	11	3.74	908	910	0.00	6	6	0	+
1988.8.14.16	3	2.54	925	938	0.01	9	10	+1	+
1991.7.16.18	10	14.33	3 276	3 486	0.06	8	8	0	+

注:结果一列中+表示合格,×表示不合格。

产流及汇流模型参数调试精度见表2.7。

表2.7 产流及汇流模型参数调试精度

项目	依据洪水次数	平均精度 $\overline{\eta}$	确定性系数 dy	峰现时间情况		说明
				吻合	有差时	
产流模型	36	97%	0.975	—	—	(1)平均精度为算术平均。 $\eta(\%) = (1 - \frac{Y_{实} - Y_{预}}{Y_{实}}) \times 100\%$ $\overline{\eta}(\%) = \sum \eta(\%)/N$
汇流模型	12	95%	0.932	67%	33%	(2) $dy = 1 - S_e^2/\sigma_y^2$。其中，$S_e^2 = \sum(Y_{实} - Y_{预})^2/N$；$N$ 为实测次数；$\sigma_y^2 = \sum(y_{实} - \overline{y}_{实})^2/N$；$\overline{y}_{实}$ 为实际值之均值

2.3.1 作业预报调整参数

参数检验与修正：按照前述方法，根据所选产、汇流模型参数，对12次洪水进行产、汇流综合预报，结果产流量大多偏小。因此，对模型参数再进行修正。考虑在原参数调试时，按不同月份分别计算，各月按日降雨分级，分为日雨量小于5 mm、大于5 mm且小于30 mm、大于30 mm三级，初始值由实际蒸发资料的月最大值、最小值及平均值求多年平均，各级蒸发量作为不同降雨强度的相应蒸发。资料来自流域两个水文点值，本身具有可调性。参数修正值见表2.8。

表2.8 参数修正值

参数名	E_6	E_7	E_8	E_9	K	A	B	S_0	U_0	D_0
相对值	0.850	0.700	0.900	0.960	0.700	2.200	1.850	0.700	0.700	0.800
绝对值	7.7	5.6	7.2	6.7	0.21	9.1	2.8	32	64	104

用修正参数对部分产流情况作模拟预报，产、汇流综合计算结果见表2.9。

2.3.2 昭平台水库洪水预报模型

2.3.2.1 产流预报模型

昭平台水库控制流域面积为1 430 km^2。昭平台水库以上各单元产流方案为单层蓄满产流，其计算公式为

$$S = W_m \times (1 + B) \times \left[1 - \left(1 - \frac{W}{W_m}\right)^{\frac{1}{1+B}}\right]$$

若$(S+\overline{P}) < W_m \times (1+B)$，则 $R = \overline{P} + W - W_m + W_m\left(1 - \frac{S+\overline{P}}{W_m \times (1+B)}\right)^{1+B}$；

若$(S+\overline{P}) \geqslant W_m \times (1+B)$，则 $R = \overline{P} + W - W_m$。

W_m 和 B 为参数,其值分别为 90 mm 和 0.5。

2.3.2.2 **汇流预报模型**

昭平台水库以上分为中汤、下孤山、昭—白区间 3 个子单元,各单元汇流方案为经验单位线。

表 2.9 产、汇流综合计算结果

年份	产流量(mm)			洪峰(m^3/s)			时差	结果
	实际	预报	精度(%)	实际	预报	精度(%)		
1967	92.5	96.29	96	2 338	2 045	88	+1	+
1968	72.5	72.48	99.97	960	955	99	−1	+
1971	145.8	131.03	90	6 299	5 430	86	+1	+
1973	55.0	53.04	96	1 636	1 515	92	0	+
1974	71.3	72.71	98	3 500	2 617	75	0	×
1975	109.3	103.10	94	3 210	2 732	85	0	+
1976	35.4	32.83	93	710	638	90	0	+
1979	37.1	40.06	93	1 040	1 140	90	0	+
1982	51.3	42.81	83	1 296	1 250	86	0	+
1983	26.3	23.77	90	908	899	99	0	+
1988	33.0	33.33	99	925	962	96	+1	+
1991	85.9	69.85	81	3 276	3 532	92	0	+
平均	68	64	93	2 175	1 976	91		

2.4 实际应用情况

根据模型原理,我们编制了预报软件。近几年应用于水库实时洪水预报,用自动遥测接收的流域各站降雨进行前期影响、产流、汇流计算,预报出区间洪水过程,与上游水库的泄流组合为总入库洪水,根据当时的水位和下游情况进行调度,并用实测水位进行实际洪水过程反推。模型应用后,至 2000 年共进行洪水预报 6 次。预报情况如下。

1995 年 7 月 24 日,前期影响为(28.1,36.5),降雨从 24 日 14 时～25 日 8 时,雨量为 122 mm;25 日 8 时预报净雨为 70 mm;洪峰为2 660 m^3/s,出现时间是 25 日 12 时。预报过程与实际比较,整体基本符合(见图 2.7)。

1995 年 8 月 21 日,前期影响为(0,16.2),降雨从 21 日 14 时～22 日 4 时,雨量为 83 mm,计算净雨为 33 mm,计算洪峰为 647 m^3/s,实际洪峰为 573 m^3/s。预报与实际均发生在 22 日 8 时(见图 2.8)。

1999 年 7 月 4 日,前期影响为(0,0),降雨从 4 日 18 时～6 日 16 时,雨量为 150 mm。

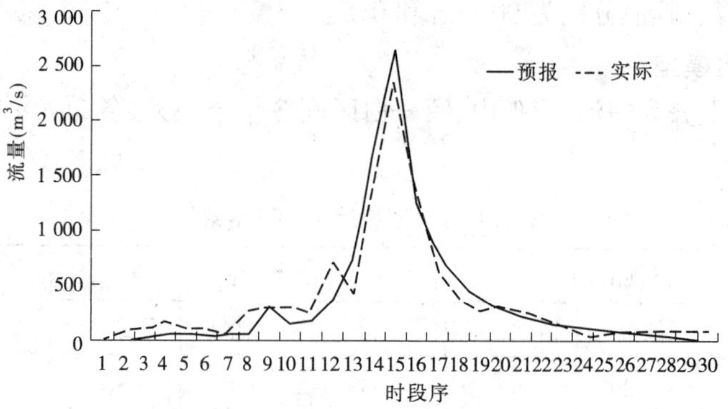

图 2.7　1995 年 7 月 24 日洪水过程线

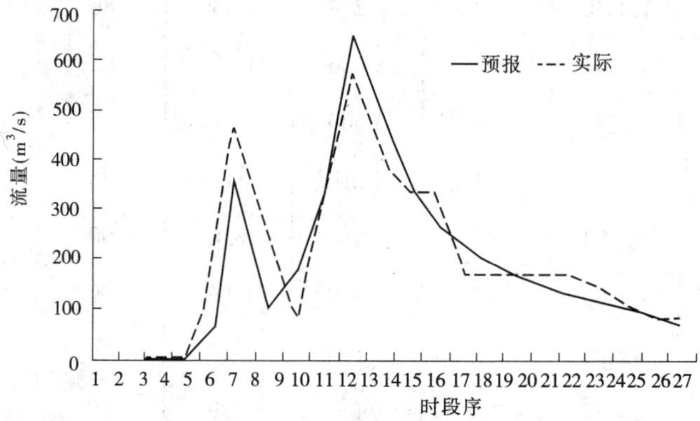

图 2.8　1995 年 8 月 21 日洪水过程线

5 日8 时的预报洪水过程与 8 时以前实际入库过程相比量值偏少，分析原因有两个可能：一是计算产流偏大；二是选单位线的影响。根据预报人员掌握的情况，计算净雨大于实际入库值，计算的产流是正确的，因流域坑塘截蓄，实际入库较小，按 40% 折减后为 48 mm。重新汇流计算，结果与实际入库过程线接近，两天后的整个洪水过程预报与实际也是吻合的。预报洪峰出现在 7 月 5 日 16 时，为 681 m^3/s，实际洪峰出现在 7 月 5 日 14 时，为 730 m^3/s，预报 7 月 6 日 8 时水位为 100.75 m，实际为 100.70 m(见图 2.9)。

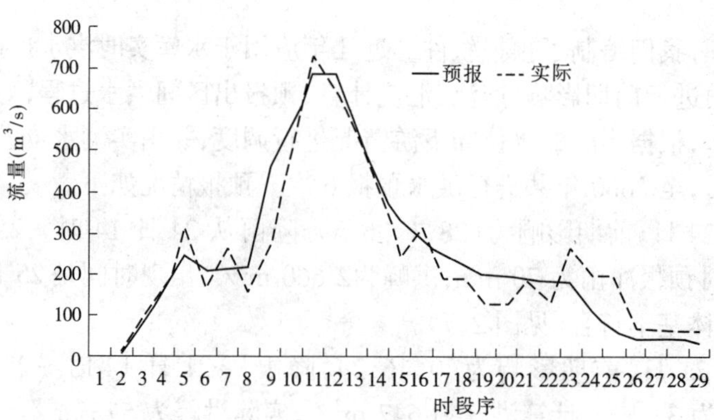

图 2.9　1999 年 7 月 4 日洪水过程线

2000 年 6 月 24 日,前期影响为(0,0),降雨从 24 日 12 时～26 日 4 时。流域平均降雨量 216 mm,最大点雨量达 388 mm,预报时就根据当时的流域截留情况,降雨计算净雨折减 10%,预报净雨为 117 mm,洪量为 $12\ 621\times10^4\ m^3$。预报 25 日 20 时出现洪峰,为 $2\ 030\ m^3/s$;实际洪峰 25 日 18 时出现,为 $1\ 941\ m^3/s$,实际洪量 $12\ 232\times10^4\ m^3$,预报洪水过程与反推的实际洪水过程基本吻合(见图 2.10)。

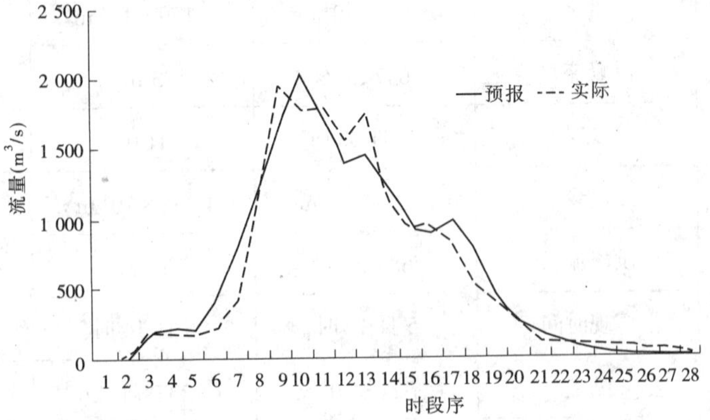

图 2.10　2000 年 6 月 24 日洪水过程线

2000 年 7 月 3 日,前期影响为(15.4,29.6),降雨从 3 日 8 时～4 日 20 时,流域平均降雨量达 214 mm,最大点雨量达 290 mm,预报净雨 170 mm,洪量 $18\ 382\times10^4\ m^3$,预报 4 日 6 时出现洪峰为 $3\ 493\ m^3/s$;实际洪峰为 $3\ 526\ m^3/s$,洪量为 $16\ 428\times10^4\ m^3$(见图 2.11)。

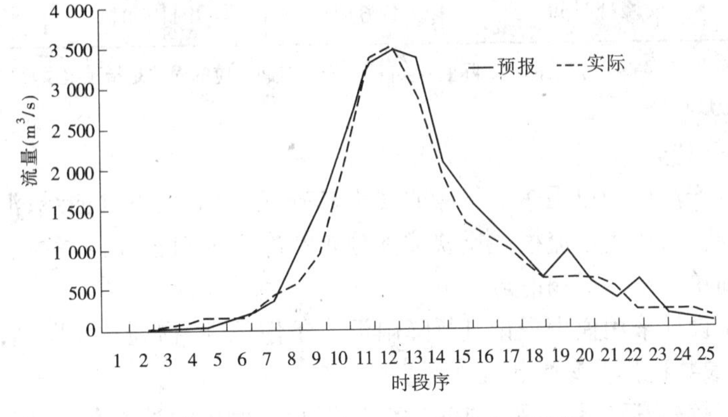

图 2.11　2000 年 7 月 3 日洪水过程线

从应用情况来看,对几次中等及较大洪水的预报结果是比较理想的,预报值与实测洪水相比,平均洪量精度达 88%,洪峰精度达 87%,洪峰时差≤1 个时段,预报精度大多满足要求,为水库防洪调度提供了可靠依据。

各次洪水预报与实测洪水特征值比较如表 2.10 所示。

表 2.10 各次洪水预报值与实际值比较

洪水编号	特征值	预报值	实际值	误差(%)
1995.07.24	洪量	$7\ 632\times10^4\ m^3$	$7\ 736\times10^4\ m^3$	-1
	洪峰流量	$2\ 660\ m^3/s$	$2\ 394\ m^3/s$	11.1
	峰现时间	25 日 12 时	25 日 12 时	0
1995.08.21	洪量	$2\ 953\times10^4\ m^3$	$3\ 179\times10^4\ m^3$	-7.1
	洪峰流量	$647\ m^3/s$	$573\ m^3/s$	12.9
	峰现时间	22 日 08 时	22 日 08 时	0
1999.07.04	洪量	$4\ 928\times10^4\ m^3$	$4\ 834\times10^4\ m^3$	2
	洪峰流量	$689\ m^3/s$	$730\ m^3/s$	-5.6
	峰现时间	5 日 16 时	5 日 14 时	-1
2000.06.24	洪量	$12\ 621\times10^4\ m^3$	$12\ 232\times10^4\ m^3$	3.2
	洪峰流量	$2\ 030\ m^3/s$	$1\ 941\ m^3/s$	4.6
	峰现时间	25 日 20 时	25 日 18 时	-1
2000.07.03	洪量	$18\ 382\times10^4\ m^3$	$16\ 428\times10^4\ m^3$	11.9
	洪峰流量	$3\ 493\ m^3/s$	$3\ 526\ m^3/s$	-1
	峰现时间	4 日 6 时	4 日 6 时	0

注:表中误差的计算式为:误差=(预报值-实际值)/实际值;峰现时间对应的误差是指预报洪峰出现时的峰量与实际洪峰出现时的峰量的误差。

模型具有以下特点。

(1)模型中的产流模型以霍尔登下渗曲线为基础,引用双层下渗曲线;汇流模型除用指数描述经验单位线外,还用汇流模式反映降雨分布和净雨强对汇流的影响。整个模型结构合理,数学方程简单,便于运算和推广。

(2)汇流模型设计采用模糊理论进行降雨汇流条件识别,物理意义明确,有利于应用时的实际经验介入参数选择及参数扩充。

(3)模型精度较高,适应性较强。1995 年使用以来,发生的洪水在 20 年一遇以下,没有发生特别大的洪水,但就中等及较大洪水的预报结果和实际值比较,说明模型符合流域产汇流基本特性。

(4)模型参数总共有 16 个,而需要优选的只有 6 个,所以模型是比较简单的。

(5)下垫面情况在不断变化,今后还需不断研究参数的动态性和人类活动的影响。需要对上游水库泄流河道验算方法做进一步的分析。

第3章　白龟山水库洪水预报调度

3.1　总体设计

白龟山水库洪水预报调度总体设计是根据防洪调度决策的流程，将一个大的防洪调度辅助决策系统划分为8个子系统和1个支持子系统运行的综合数据库等9个部分，即：

(1)信息接收处理子系统；

(2)气象产品应用子系统；

(3)洪水预报子系统；

(4)汛情监视与信息服务子系统；

(5)防洪调度子系统；

(6)防汛会商子系统；

(7)防汛管理子系统；

(8)洪涝灾情评估子系统；

(9)综合数据库。

本项目属洪水预报子系统与防洪调度子系统的重要组成部分，同时也要涉及其他子系统。因此，本项目的总体设计、开发软件、运行环境，要与国家防汛调度指挥系统工程的总体规划相协调一致。本项目的开发成果，既可单独运行，又可与将来开发的大系统融为一体。

3.1.1　防洪调度的任务与洪水调度原则

3.1.1.1　调度运用方式

汛期限制水位不高于102.0 m。当库水位低于20年一遇洪水位时，控泄不大于600 m^3/s；当库水位超过20年一遇，低于50年一遇洪水位时，控泄不超过3 000 m^3/s；当库水位超过50年一遇洪水位时，泄洪闸全开泄洪；当库水位超过100年一遇洪水位时，泄洪闸全开，北干渠控泄200 m^3/s。汛末库水位回升到兴利水位103.00 m。具体为：

(1)水位在102.00～105.38 m(20年一遇)，控泄≤600 m^3/s；

(2)水位在105.38～105.90 m(50年一遇)，控泄≤3 000 m^3/s；

(3)水位在105.90～106.19 m(100年一遇)，泄洪闸全开泄洪；

(4)水位超过106.19 m，泄洪闸全开、北干渠控泄200 m^3/s。

3.1.1.2　水库预报模型

流域产、汇流计算不分区，产流计算使用大伙房模型，汇流计算使用模式单位线。

3.1.2　防洪调度子系统划分

根据水库的防护对象及其所处地理位置，将水库防洪系统划分为2个子系统，即：①子系统1——昭平台水库防洪系统(仅留有出流输入接口)；②子系统2——白龟山水库防洪子系统。澎河水库也留有出流输入接口,不做独立子系统进行设计。

3.1.3 主要界面设计

现代应用软件的发展方向是利用图形窗口界面的友好性,尽量使用户的操作简单方便、应用灵活实用、成果直观形象。本软件系统的最主要功能是洪水预报与洪水调度,因此对洪水预报与洪水调度的两大交互界面进行了精心设计。

3.1.3.1 水库防洪系统洪水预报与洪水调度主界面

水库防洪系统洪水预报与洪水调度主界面如图3.1所示。

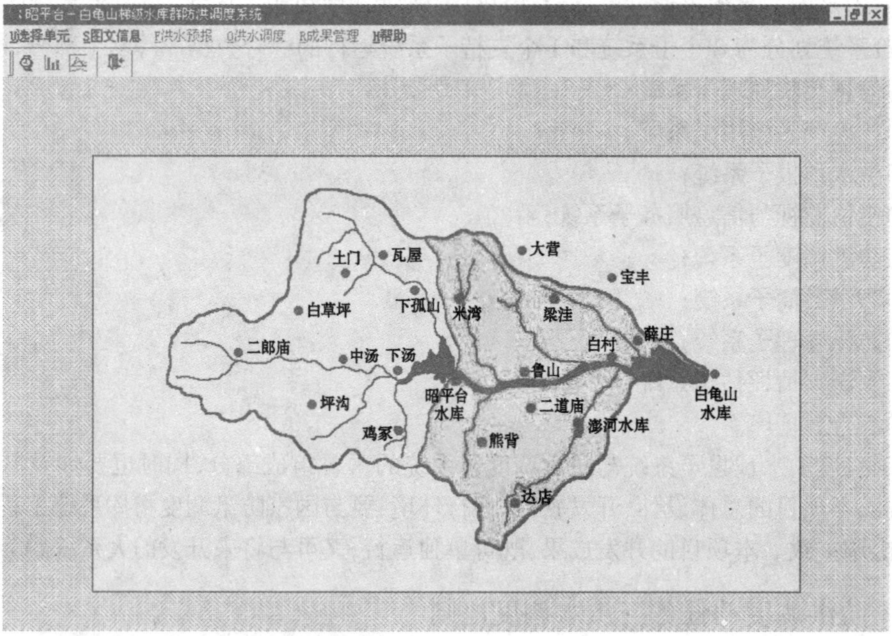

图3.1 水库防洪系统洪水预报与洪水调度主界面

上述主界面下所挂的菜单形式如图3.2所示。

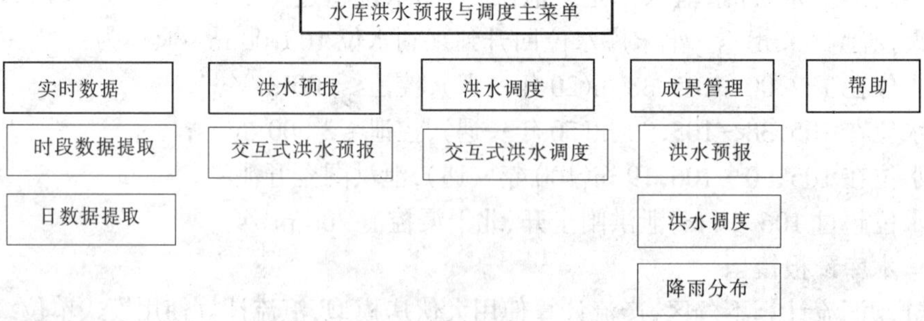

图3.2 水库洪水预报与洪水调度主界面下所挂菜单

3.1.3.2 洪水预报交互界面

洪水预报主交互界面如图3.3所示。

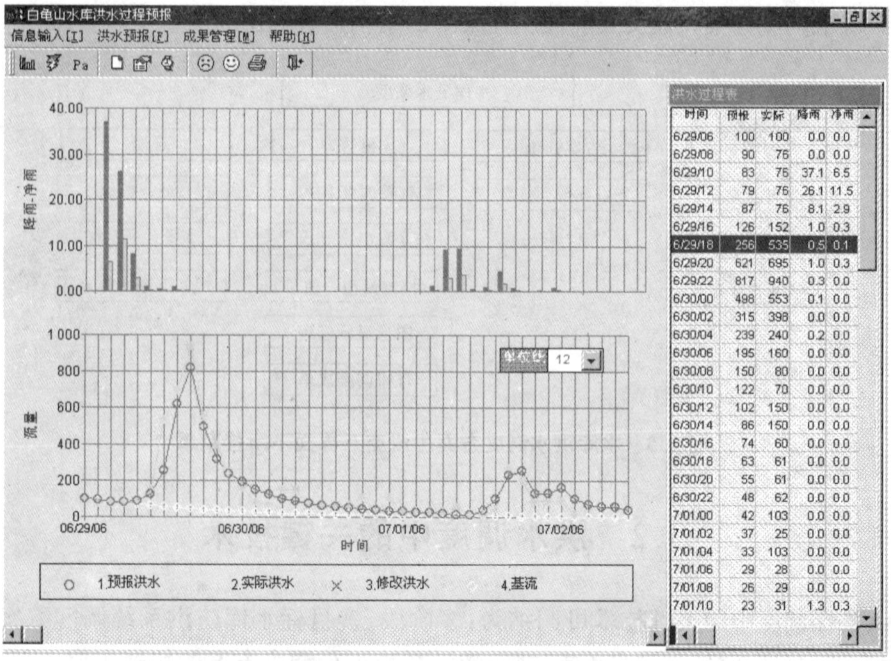

图 3.3　洪水预报主交互界面

3.1.3.3　洪水调度交互界面

水库防洪系统的洪水调度主要包括两部分:调度方案生成与评价。其中调度方案生成又分为水库洪水调度方案生成与控制站组合流量的推求。

水库洪水调度方案生成交互界面如图 3.4 所示。其中,上部为菜单条及其简捷图形按钮,左中部为调度方案的数值信息,左下部为调度方案的特征信息,右部为调度方案的图形信息。

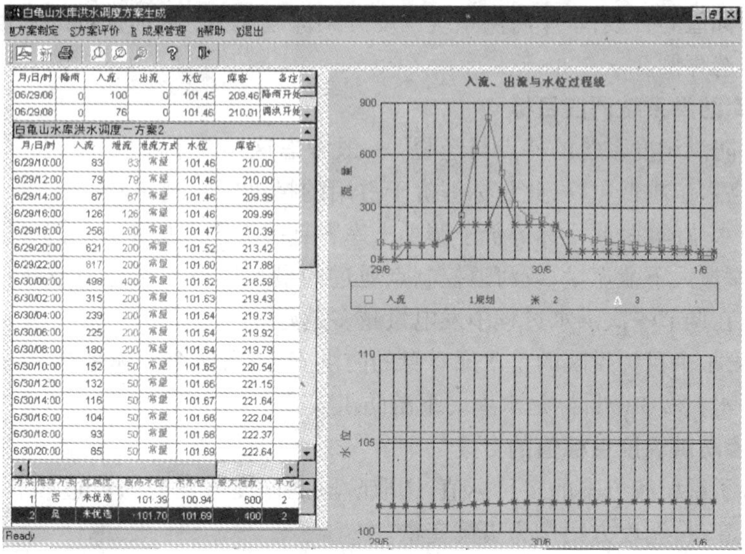

图 3.4　水库洪水调度方案生成交互界面

水库洪水调度方案生成交互界面所挂菜单的结构形式如图 3.5 所示。

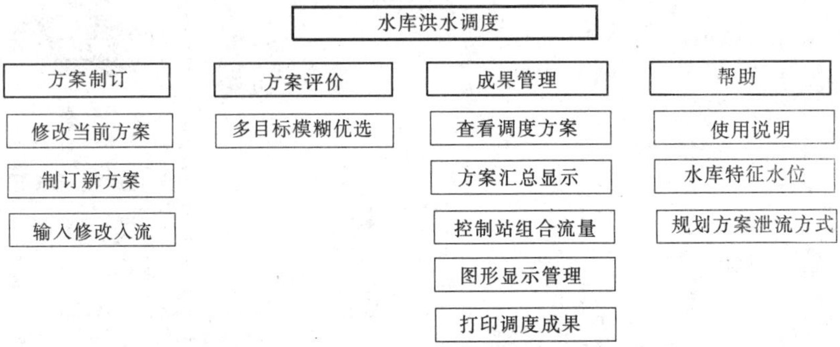

图 3.5　水库洪水调度方案生成交互界面下所挂菜单

3.2　洪水调度中的关键技术

防洪系统调度中的关键技术可归纳为:多阶段、多目标水库防洪系统调度方案优选模型;综合多种信息实时修正洪水预报过程;防洪系统可行调度方案的快速生成;水库调洪演算的数值解法。

3.2.1　防洪系统调度方案优选模型

调度决策模型采用了多阶段、多目标水库防洪调度决策的模糊优选模型。多阶段、多目标模糊优选模型根据水库洪水调度决策的特点,可用模糊语言确定目标权重,从而使决策模型更易于使用。

在对防洪系统的调度子系统划分的基础上,下面依次分析论述防洪系统的调度目标;水库防洪调度目标值的合成;水库防洪系统调度方案优选模型;目标权重的确定;水库防洪系统调度方案优选算例。

3.2.1.1　水库防洪系统调度目标

根据水库防洪调度系统的特点与经验,一般考虑这样 3 个目标:①水库在调节一次洪水过程中,最高水位越低越好,此目标等价于占用的拦洪库容越小越好;②水库调洪末水位越接近于理想水位越好,此目标等价于调洪末库容越接近于理想库容越好;③在调节一次洪水过程中,水库最大下泄流量,或河道控制点通过的最大组合流量越小越好,以发电为主的水库还要考虑在调节一次洪水过程中发电量越多越好。

很显然,第 1 个目标反映的是水库本身的防洪安全;第 2 个目标是考虑两次洪水的衔接和兼顾兴利蓄水;第 3 个目标是水库的下游防洪安全。

3.2.1.2　水库防洪调度目标值的合成

为了求得子系统各方案的多目标值,选取阶段的调度方案与入流过程的组合作为描述子系统的状态变量,调度方案作为决策变量。

阶段 i,其入流过程数等于相邻上游单元的可行状态数 n_{i-1},将入流过程记为

$$Q_i = (q_{i1}, \cdots, q_{in_{i-1}}) \tag{3.1}$$

若阶段 i 制订的可能调度方案数为 n_{i_p}，记为

$$P_i = (p_{i1}, \cdots, p_{in_p}) \tag{3.2}$$

则阶段 i 的可能状态数为 $n_{i_p} \cdot n_{i-1}$。调度运行中，要根据约束条件从这些可能状态中，确定可行状态。设可行状态有 n_i 个，则阶段 i 的可行状态为

$$\begin{aligned} S_{i1} &= (s_{i1}, \cdots, s_{in_i}) \\ &\in \{(p_{i1}, q_{i1}), (p_{i1}, q_{i2}), \cdots, (p_{i1}, q_{in_{i-1}}), \cdots, \\ &\quad (p_{in_p}, q_{i1}), (p_{in_p}, q_{i2}), \cdots, (p_{in_p}, q_{in_{i-1}})\} \end{aligned} \tag{3.3}$$

相应的可行决策为

$$D_i = (d_{i1}, \cdots, d_{in_i}) \in P_i \quad (i = 1, \cdots, N) \tag{3.4}$$

其中，N 为子系统内划分的阶段数。

设子系统考虑 m 个目标。有些目标值，如控制站的最大组合流量，无法用递推法求得各阶段的目标合成值，只有到最后阶段才能求出。故设 m 个目标中前 g 个目标可用递推法求得。当顺时序递推求解至阶段 i，阶段 i 的多目标合成递推矩阵为

$$X(S_i) = \begin{bmatrix} x_1(s_{i1}) & \cdots & x_1(s_{in_i}) \\ \vdots & & \vdots \\ x_g(s_{i1}) & \cdots & x_g(s_{in_i}) \end{bmatrix} \tag{3.5}$$

式中：$x_k(s_{ij})$为阶段 i 状态为 s_{ij} 时的第 k 个目标的合成值，且 $i = 1, \cdots, N$；$j = 1, \cdots, n_i$；$k = 1, \cdots, g$。

由于单元间可能是串联、并联和混联，上游相邻单元可能不是 $i-1$ 单元，但为了便于叙述，相邻上游单元仍设为 $i-1$ 单元。又设阶段 i 第 r 个可能调度方案对应于 $i-1$ 单元的 n_{i-1} 个入流过程，即有 n_{i-1} 个可能状态。若有 $a_j \leqslant n_{i-1}$ 个状态对应的方案满足约束条件，为叙述方便设前 a_j 个可行，则阶段 i 第 r 个可能调度方案对应的面临阶段的可行目标值矩阵记为

$$F((p_{ir}, Q_i), p_{ir}) = \begin{bmatrix} f_1((p_{ir}, q_{i1}), p_{ir}) & \cdots & f_1((p_{ir}, q_{ia_j}), p_{ir}) \\ \vdots & & \vdots \\ f_g((p_{ir}, q_{i1}), p_{ir}) & \cdots & f_g((p_{ir}, q_{ia_j}), p_{ir}) \end{bmatrix} \tag{3.6}$$

式中：$f_k((p_{ir}, q_{ij}), p_{ir})$表示阶段 i 状态为(p_{ir}, q_{ij})时，作出决策 p_{ir} 所求得的第 k 个目标的面临阶段可行目标值，其中 $i = 1, \cdots, N$；$j = 1, \cdots, a_j$；$r = 1, \cdots, n_{i_p}$；$k = 1, \cdots, g$。

这时阶段 i 第 r 个可能调度方案对应的目标值合成矩阵由下式递推求得。

$$\begin{aligned} X(Q_i,\ p_{ir}) &= W'_i \cdot F((p_{ir}, Q_i), p_{ir}) \oplus X(S_{i-1}) \\ &= \begin{bmatrix} w_{i1} & \cdots & 0 \\ \vdots & & \vdots \\ 0 & \cdots & w_{ig} \end{bmatrix} \begin{bmatrix} f_1((p_{ir}, q_{i1}), p_{ir}) & \cdots & f_1((p_{ir}, q_{ia_j}), p_{ir}) \\ \vdots & & \vdots \\ f_g((p_{ir}, q_{i1}), p_{ir}) & \cdots & f_g((p_{ir}, q_{ia_j}), p_{ir}) \end{bmatrix} \oplus \begin{bmatrix} x_1(s_{i1}) & \cdots & x_1(s_{in_i}) \\ \vdots & & \vdots \\ x_g(s_{i1}) & \cdots & x_g(s_{in_i}) \end{bmatrix} \end{aligned} \tag{3.7}$$

式中：⊕为不同阶段目标值的合成算法，如对占用防洪库容目标的合成，将⊕取为＋；w_{ik}为水库i对目标k的影响度。W'_i为由$w_{ik}(k=1,\cdots,g)$形成的对角矩阵。对于阶段i的所有n_{ip}个可能方案，可求得其相应的目标值合成矩阵，则阶段i总的目标值合成矩阵为

$$X(S_i) = (X(p_{ir},Q_i),\cdots,X(p_{in_p},Q_i)) \tag{3.8}$$

由式(3.8)中的可行状态，求得阶段i总的可行状态数为

$$n_i = a_1 + \cdots + a_{n_{ip}} \tag{3.9}$$

重新将这些状态依次编号，记为$s_{ij}(j=1,\cdots,n_i)$。于是，式(3.8)成为所要求的式(3.5)。当$i=N$时，由式(3.8)与其他方法（对非递推性目标）求得子系统所有可行状态对应方案的m个目标合成值矩阵，即

$$X(S_N) = \begin{bmatrix} x_1(s_{N1}) & \cdots & x_1(s_{Nn_N}) \\ \vdots & & \vdots \\ x_m(s_{N1}) & \cdots & x_m(s_{Nn_N}) \end{bmatrix} \tag{3.10}$$

3.2.1.3 **水库防洪系统调度方案优选模型**

为便于叙述，将式(3.10)改写成如下形式，即

$$X = \begin{bmatrix} x_{11} & \cdots & x_{1n} \\ \vdots & & \vdots \\ x_{m1} & \cdots & x_{mn} \end{bmatrix} \tag{3.11}$$

矩阵(3.11)中，x_{kh}为第h个方案的第k个目标值，且$k=1,\cdots,m$；$h=1,\cdots,n$。由于矩阵(3.11)中各目标的量纲不同，评价之前需对各目标值进行归一化。对于越大越优型目标和越小越优型目标，归一化公式分别为式(3.12)与式(3.13)，即

$$r_{kh} = \frac{x_{kj} - \bigwedge_{j=1}^{n} x_{kj}}{\bigvee_{j=1}^{n} x_{kj} - \bigwedge_{j=1}^{n} x_{kj}} \tag{3.12}$$

$$r_{kh} = \frac{\bigvee_{j=1}^{n} x_{kj} - x_{kj}}{\bigvee_{j=1}^{n} x_{kj} - \bigwedge_{j=1}^{n} x_{kj}} \tag{3.13}$$

式中：∨，∧分别为取大、取小运算符。归一化后，矩阵(3.11)成为相对隶属度矩阵

$$R = \begin{bmatrix} r_{11} & \cdots & r_{1n} \\ \vdots & & \vdots \\ r_{m1} & \cdots & r_{mn} \end{bmatrix} \tag{3.14}$$

令$r_{gk} = \bigvee_{j=1}^{n} r_{kj}$，$r_{bk} = \bigwedge_{j=1}^{n} r_{kj}$，则$r_g=(r_{g1},\cdots,r_{gm})^{\mathrm{T}}$表示理想优方案，$r_b=(r_{b1},\cdots,r_{bm})^{\mathrm{T}}$表示理想劣方案。这时可用式(3.16)求得各方案对于理想优方案的隶属度为

$$U = (u_1,\cdots,u_n) \tag{3.15}$$

$$u_h = \frac{1}{1 + \dfrac{\sum_{k=1}^{m}[w_{sk}(r_{gk} - r_{kh})]^2}{\sum_{k=1}^{m}[w_{sk}(r_{bk} - r_{kh})]^2}} \tag{3.16}$$

式中：u_h 为第 h 方案对于理想优方案的隶属度；w_{sk} 为第 m 个目标在防洪系统中的重要度，可使用下面介绍的方法确定。

根据最大隶属原则，由式(3.15)可得到一组较优的方案，供决策者使用。

3.2.1.4 目标权重的确定

首先应该指出的是，多目标决策问题是离不开决策人的。有人的参与，就要用到人的决策经验，优选模型中引入权重正是要将人的决策经验通过数学描述后纳入模型之中，这也正是模糊优选模型较一些不能很好考虑人的决策经验的常规模型最重要的优点之一。因为有的常规模型虽然没有提及目标权重，但其实质上却隐含着等权重，或者用一些物理意义不很明确的抽象指标来反映权重，导致权重选取在实际应用中不易掌握。而等权重只是模糊优选模型的一个特例，它应被看做是决策人无任何决策经验时所采取的权宜之计。因此，人们愈来愈感到，决策模型要想实施，不能抛开人的决策经验，而是要建立更有效地描述人的知识和经验的方法和模型，将其纳入决策模型。

在水库防洪系统调度方案的评价中，待确定的目标权重包括水库对目标的影响度，即式(3.7)中的 $w_{ik}(i=1,\cdots,N;\ k=1,\cdots,m)$，用于不同阶段同一目标值的合成；子系统内所考虑目标间的相对重要度，即式(3.16)中的 $w_{sk}(k=1,\cdots,m)$，简称为目标权重，用于评价多目标方案的优劣。

考虑水库对目标的影响度 w_{ik} 的工程背景是：在递推求解某一目标的合成值时，由于各水库的工程特性不同，导致相同的目标值由于处于不同的水库而对系统的影响不同。如，占用防洪库容目标属指标越小越重要型。其意义是，如果两水库占用的防洪库容相同，那么总防洪库容越小的水库，对自身的防洪安全越不利。因此，模型应能考虑这种差异。

考虑目标权重 w_{sk} 的工程背景是：在方案的多目标间作相对比较时，它们的重要程度是不同的，即对系统的影响是不同的。如，在水库上游发生较大洪水，而下游洪水相对较小时，占用防洪库容目标的权重必然大于下泄流量目标的权重，反之亦然。

3.2.1.4.1 水库对目标影响度的确定

设各水库对目标 k 的影响度为 W_k，即

$$W_k = (w_{1k}, w_{2k}, \cdots, w_{Nk}) \quad (k = 1, \cdots, m) \tag{3.17}$$

式中：N 为阶段数；m 为目标数；w_{ik} 为水库 i 对目标 k 的影响度。对于有指标描述的水库对目标的影响度，若指标值越大越重要，则水库 i 对目标 k 的影响度为

$$w'_{ik} = x_{ik} / \bigvee_{j=1}^{N} x_{jk} \tag{3.18}$$

反之，若指标值越小越重要，则水库 i 对目标 k 的影响度计算公式为

$$w'_{ik} = \bigwedge_{j=1}^{N} x_{jk} / x_{ik} \tag{3.19}$$

式(3.18)与式(3.19)中,x_{ik} 为水库 i 对目标 k 影响度的衡量指标,$i=1,\cdots,N;k=1,\cdots,m$。首先用式(3.18)或式(3.19)求得各水库对目标 k 的影响度,然后将求得的影响度归一化。即

$$W_k = (w_{1k},\ w_{2k},\cdots,w_{Nk})$$
$$= (w'_{1k}/\sum_{j=1}^{N} w'_{jk},\cdots,w'_{Nk}/\sum_{j=1}^{N} w'_{jk}) \quad (k=1,\cdots,m) \tag{3.20}$$

3.2.1.4.2 目标权重的确定

应用表示人的经验、知识的二元比较原理与方法,确定目标的权重,具体方法为:

(1)慎重考虑 m 个目标关于重要度排序。为叙述方便,设 m 个目标按重要度的排序与目标序号相同,即为 G_1,G_2,G_3。

(2)认真给出第 1 个目标(最重要目标)与其他目标相比较时的重要度 $u_{11},\cdots,u_{1m}$。u_{1k}表示第 1 个目标与第 k 个目标相比较时的重要度。可使用如下模糊语气:同样重要、略为重要、明显重要、十分重要、极其重要、无可比拟。它们在比较中程度是逐步加强的。由于排序第 1 位的目标与本身比较应为同样重要,即重要度 $u_{11}=0.5$;第 1 位的目标无可比拟地重要于最后第 m 个目标,即 $u_{1m}\leqslant 1.0$;其他语气重要度可按 0.5~1.0 间的线性变化内插求得,如图 3.6 所示。

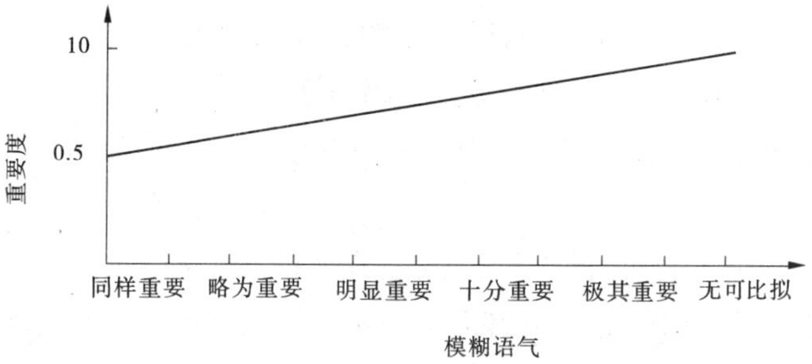

图 3.6 目标对比模糊语气的重要度

可见,$u_{11},\cdots,u_{1m}$应满足式(3.21),即

$$0.5 = u_{11} \leqslant \cdots \leqslant u_{1m} \leqslant 1.0 \tag{3.21}$$

将 $u_{1k}(k=1,\cdots,m)$代入式(3.22)求得各目标的重要度,有

$$W'_s = (w'_{s1},\cdots,w'_{sm}) = (1,(1-u_{12})/u_{12},\cdots,(1-u_{1m})/u_{1m}) \tag{3.22}$$

将式(3.22)的重要度归一化,可得目标权重,即

$$W_s = (w_{s1},\cdots,w_{sm})$$

例如,在运行中,水库上游发生较大洪水,水库以下洪水水量相对较小,这时的多目标排序为 G_1,G_2,G_3,它们分别对应占用防洪库容、控制站组合流量、调洪末库容与理想库容之差。根据系统实际和预测的水、雨、工情信息,在作 G_1 与 G_2 比较时,认为 G_1 略为重要;在作 G_1 与 G_3 比较时,认为 G_1 明显重要,则由图 3.6 求得

$$U = (u_{11},u_{12},u_{13}) = (0.5,\ 0.6,\ 0.7)$$

将其代入式(3.22),得

$$W'_s = (w'_{s1}, w'_{s2}, w'_{s3})$$
$$= (1, (1-0.6)/0.6, (1-0.7)/0.7) = (1, 0.666\,7, 0.428\,6)$$

归一化后可得目标权重为

$$W_s = (w_{s1}, w_{s2}, w_{s3}) = (0.477, 0.318, 0.205)$$

3.2.2 预报子系统设计和开发的一些关键技术

3.2.2.1 系统可扩展性和可移植性处理方法

3.2.2.1.1 创建数据库事务对象来实现多个模型和数据源的自由选择

实际洪水预报过程中因各个流域自然地理特征、工作方式、工作环境不同，表现在各个流域所使用产、汇流模型可能存在较大差异；由于洪水预报不确定性，同一流域所使用的产、汇流模型可能不只一种，所依据的水文、气象资料可能多种多样，相互需要进行对比验证。这种在模型和资料使用上的多样性特征，反映了用户的最基本需求。处理上述问题有多种途径，但最简捷的方法是从系统数据库结构方面进行考虑，无需对系统程序进行大的修改，仅仅是通过创建数据库事务对象来实现多个模型和多种数据源的自由选择。

3.2.2.1.2 精心设计好数据库表，使系统适应复杂的环境变化

在划分好系统数据库后，对数据库表(Table)结构的定义是数据库设计中最重要的工作，好的表结构可以使系统适应复杂的环境变化，使系统易于扩展和移植，因为基于C/S结构的系统设计是以对数据库的操作为中心的。本系统充分考虑到实际用户可能面临的复杂情况，如跨流域的大型复杂流域防洪系统，流域单元的划分，与水情自动测报系统的实时连接，对个别测站数据的异常处理，洪水预报模型的选择，互有关联的洪水演进自动判别等，上述问题都可通过数据库表的定义得到妥善处理。

3.2.2.1.3 利用面向对象技术实现模型和功能扩展

流域洪水预报系统是一个复杂的人—机交互系统，对于不同流域，因使用者个人的工作习惯、流域自然特征等不同，在系统界面功能和模型使用上等方面有可能需要进行一些调整和扩充。考虑到这些情况，系统程序设计选择了面向对象的开发工具，利用面向对象的思想将流域洪水预报系统的各个部分按对象进行划分，分析对象的属性、行为标识及对象间相互关系，以对象为主线来描述系统，建立流域防洪调度系统对象模型，用对象间的消息传递用户的功能需求。如，模型的选择，文字、图形、表格、图像、声音等多层次、多方位的信息表示。通过对象对系统进行建模，使系统较易实现软件的重组、移植、扩充，能广泛应用于不同的洪水调度系统。

3.2.2.2 单位线自动选择方法

白龟山水库洪水预报子系统涉及到的汇流模型主要有经验单位线、模式单位线、大伙房汇流模型和变时段汇流模型。上述模型的一个共同特点是需要对单位线类型进行选择。考虑到实时洪水预报过程需要，系统用模式识别方法对相似洪水进行识别，以推荐最为相似的洪水预报方案。

3.2.2.3 水库防洪系统可行调度方案的快速生成

在水库防洪系统的实时调度中，需根据调度决策人员的要求，快速生成可行调度方案集。

它是进行方案评价与选择的基础，是衡量调度软件是否实用的重要方面。其基本要求是：

（1）以洪水调度规划方案为基础，可按常规泄流量与交互启闭泄流设备的任意组合生成实时洪水调度方案。

（2）实用、简捷、形象、直观。为此，根据水库防洪系统的调度要求，设计了两种方式推求水库（群）的洪水调度方案。

①自动按洪水调度规划原则生成方案。按现行的洪水调度规划原则，确定水库的泄流方式及相应的泄流量，预报水库的水位变化过程。

②交互生成洪水调度方案。首先以当前选定方案为基础（可自行选定），生成一种新的调度方案，然后可对此新方案的任一时段的决策进行修改，修改方式有两种。

第一按常规泄流量调度。人—机交互输入各调洪时段的泄流量，从而预报出水库的水位变化过程。

第二交互启闭泄流设备。在水库的洪水调节过程中，可随时根据水库入流、出流和水库水位的变化，人—机交互确定水库泄流设备的开启状态，预报水库水位与出流的变化过程。

为了实现上述功能，设计了如图 3.4 所示的交互界面。其中上部为菜单条及其简捷图形按钮，左中部为调度方案的数值信息，左下部为调度方案的特征信息，右部为调度方案的图形信息。

3.2.2.4 水库调洪计算的龙格－库塔数值解法

当水库的下泄流量随着库水位的变化而变化时，已知时段内的平均入流量、时段初的库水位与出库流量，求解水库时段末水位和出库流量的方法有图解法、试算法和数值解法。其中数值解法无需作图和试算，适用于多泄流设备、变泄流方式、变计算时段等复杂情况下的调洪计算，便于应用计算机进行求解。

若假定水库水位为水平起落，则水库调蓄计算的实质，乃是对微分方程式（3.23）的求解，即

$$\mathrm{d}V(Z)/\mathrm{d}t = Q(t) - S(Z) \tag{3.23}$$

式中：$Q(t)$为 t 时刻入库流量；$S(Z)$为库水位为 Z 时通过泄水建筑物的泄流量，$Z = Z(t)$，也是时间 t 的函数；$V(Z)$为库水位为 Z 时的库容。

若已知 n 时段内的预报入库平均流量 Q_n，n 时段初的水位 Z_{n-1} 与库容 V_{n-1}，时段初的泄流量 $S(Z_{n-1})$，泄流设备的开启状态，则应用龙格－库塔法求解式（3.23），可求得 n 时段末的库容 V_n，即

$$V_n = V_{n-1} + \frac{1}{6}[k_1 + 2(k_2 + k_3) + k_4] \tag{3.24}$$

式中：

$$\left.\begin{aligned} k_1 &= h_t[Q_n - S(Z(V_{n-1}))] \\ k_2 &= h_t[Q_n - S(Z(V_{n-1} + k_1/2))] \\ k_3 &= h_t[Q_n - S(Z(V_{n-1} + k_2/2))] \\ k_4 &= h_t[Q_n - S(Z(V_{n-1} + k_3))] \end{aligned}\right\} \tag{3.25}$$

式中：Q_n 为已知 n 时段内的预报入库平均流量；$Z(\cdot)$为由库容在水库水位—库容关系曲线上用三点插值法求得；$S(\cdot)$为由水库水位在水位—泄流量关系曲线上求得，通常应用三点插值法；h_t 为 t 时段的时段长；$n=1,2,\cdots,N$，N 为调洪计算的总时段数。式(3.24)与式(3.25)中，流量的单位为 m^3/s；水位的单位为 m；水量的单位为 $10^4 m^3$；时段长的单位为 s。

求得 V_n 后，即可求得 Z_n，从而求得水库水位、库容与泄流量随时间的变化过程。

3.3 交互式洪水预报子系统

交互式洪水预报子系统设计遵循系统总的设计思路，即系统操作简单，各个关键部分提供必要的技术与细节支持。在系统预报模型选择上，提供开放的设计接口，即允许各个水库或防洪控制点断面所在河流增加系统没有提供的预报模型，或原来预报模型的变异。在系统使用环境上，通过对数据库数据流的有效划分，系统可非常方便地应用于单机或网络系统，以适应所在流域计算机应用环境。

3.3.1 交互式洪水预报子系统功能设计

3.3.1.1 单元选择

在预报子系统总控界面下直接实现预报单元的选择，无需进入系统的总控界面，实现洪水连续预报，简化系统的操作。

3.3.1.2 预报时间设置

在系统时间设置后，允许在预报窗口修改降雨预报开始时间，在某一单元的时间修改后，同一流域的时间也相应发生变化。

3.3.1.3 实时提取水情自动测报系统数据

(1)时段降雨和实时水位数据自动提取；

(2)日降雨水情数据自动提取。

3.3.1.4 实时预报

(1)修改降雨开始时前期土壤含水量；

(2)输入或修改各站降雨；

(3)自动选择单位线；

(4)人工选择单位线(适用于经验单位线和模式单位线模型)。

3.3.1.5 假拟预报

(1)修改降雨开始时前期土壤含水量；

(2)输入模拟降雨；

(3)自动选择单位线；

(4)人工选择单位线(适用于经验单位线和模式单位线模型)。

3.3.1.6 前期土壤含水量计算

(1)设置前期土壤含水量计算起止时间；

(2)输入或修改各站日降雨量；

(3)显示计算结果。

3.3.1.7 **成果管理**

(1)预报洪水特征信息查询。包括降雨总量、总净雨量、入库或区间洪水总量、峰值、1 d、3 d、5 d洪量、重现期、相应频率。

(2)预报结果输出。

3.3.1.8 **其他功能**

(1)预报洪水过程水平滚动显示；

(2)预报洪水过程单点查询；

(3)预报洪水人工修改。

3.3.2 交互式洪水预报子系统结构设计

3.3.2.1 **子系统总体结构**

昭平台－白龟山水库防洪预报系统设计以数据库为中心，系统主要数据结构见图 3.7。系统以预报调度数据库(res.db)来进行系统资源管理。可根据电报、水情自动测报系统实时水文数据和假拟降雨数据进行实时洪水预报和假拟洪水预报。

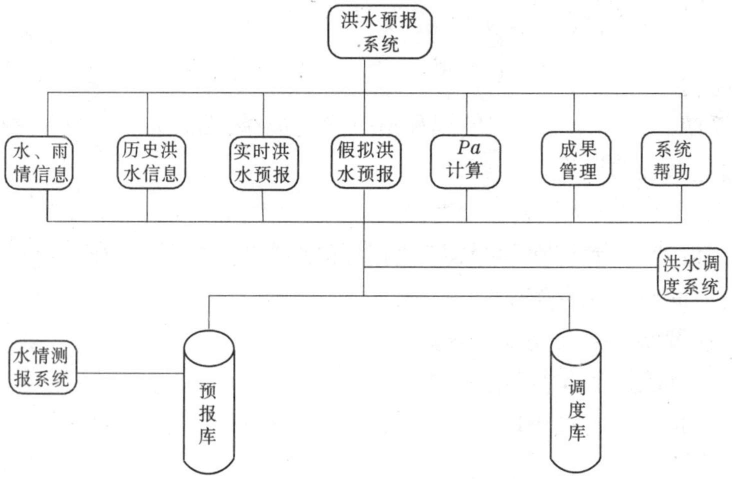

图 3.7 流域洪水预报系统拓扑结构

3.3.2.2 **洪水预报子系统调用层次结构**

流域洪水预报系统采用预报子系统总控界面对系统进行管理，采用菜单和图标来实现系统的功能操作，其调用层次见图 3.8。

3.3.2.3 **子系统主要界面设计**

流域洪水预报子系统提供统一的预报总控界面，即不管是针对水库或河道防洪控制点，系统的总控界面是一致的，单元选择的变化，仅是系统应用对象发生变化，而不影响系统的操作。为了不与操作手册内容相重复，仅对主要的界面设计进行说明。

3.3.2.3.1 洪水预报子系统总控界面

在图 3.9 界面下，系统提供了预报单元选择、实时洪水预报、假拟洪水预报、*Pa* 计算、成果管理等主要功能，采用菜单、像标、列表框、滚动杆、滚动条、鼠标的左右键等方式来完成系统的操作。系统界面的缺省是用图形和表格显示前次计算洪水结果，包括降雨—净雨直方

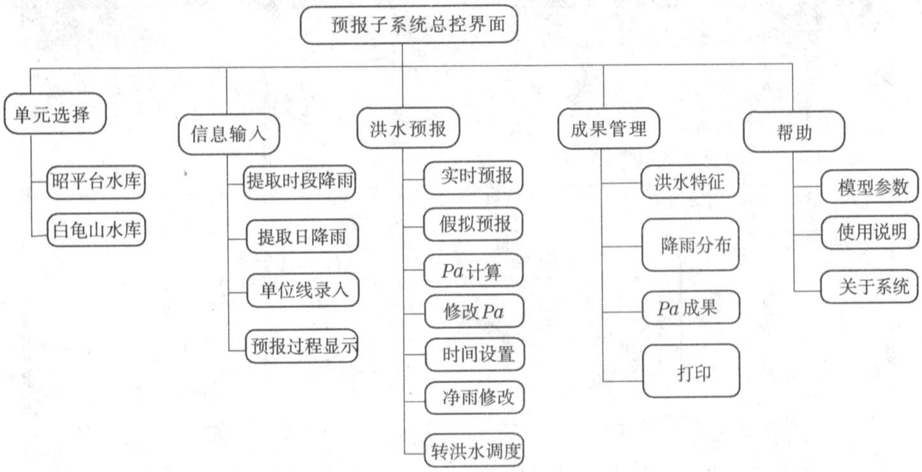

图 3.8　预报子系统调用层次结构图

图、实时洪水过程、预报洪水过程、基流过程、修改洪水过程、假拟洪水过程。可用图表查询相关的信息，如某点的降雨值、净雨值、预报流量等。

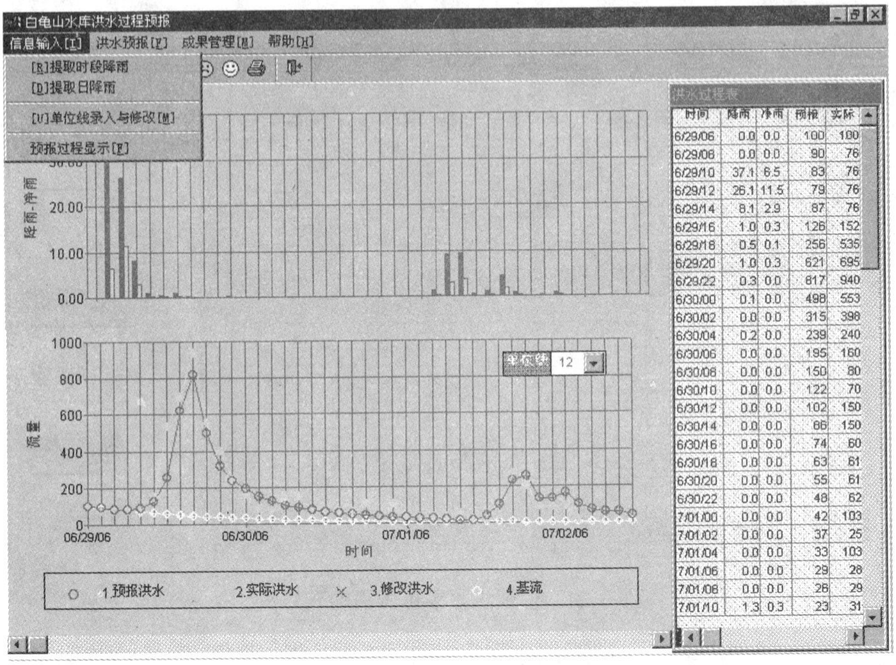

图 3.9　洪水预报子系统总控界面

3.3.2.3.2　实时洪水预报降雨、实时水位、出流输入与修改界面设计

在图 3.10 所示界面下，可以根据预报降雨起讫时间，分别显示从降雨开始到降雨结束区间各个时段各站降雨量、各站均值及累积降雨量。缺省下显示前次输入或计算结果、有水情自动测报系统连接的系统，直接读入实时遥测或观测结果。图 3.9 和图 3.10 所示的两个界面还提供了点右键各站降雨相同、雨量站剔除和打印等辅助功能。

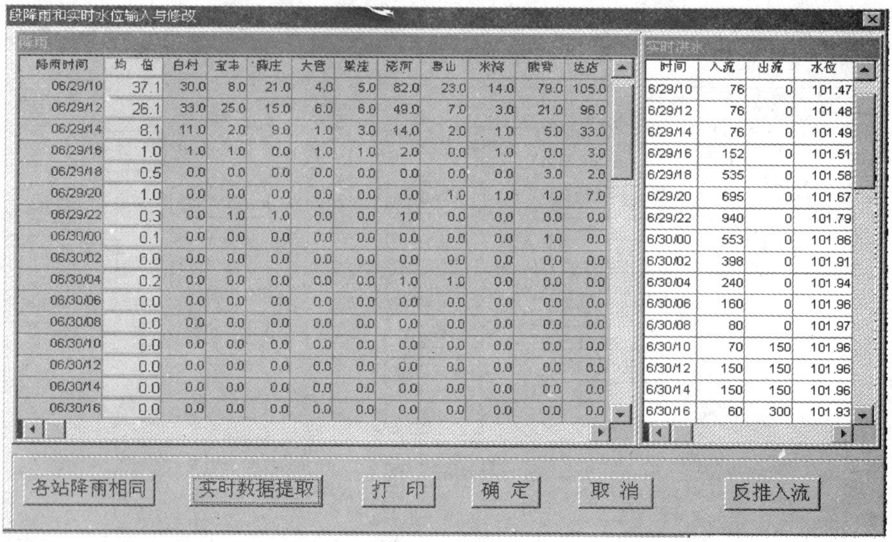

图 3.10 水库实时洪水预报降雨输入与修改界面

3.3.2.3.3 假拟洪水预报降雨输入界面设计

在图 3.11 界面下，可以假拟降雨天数、降雨总量、分配各站各个时段降雨，缺省情况是采用平均方式分配。

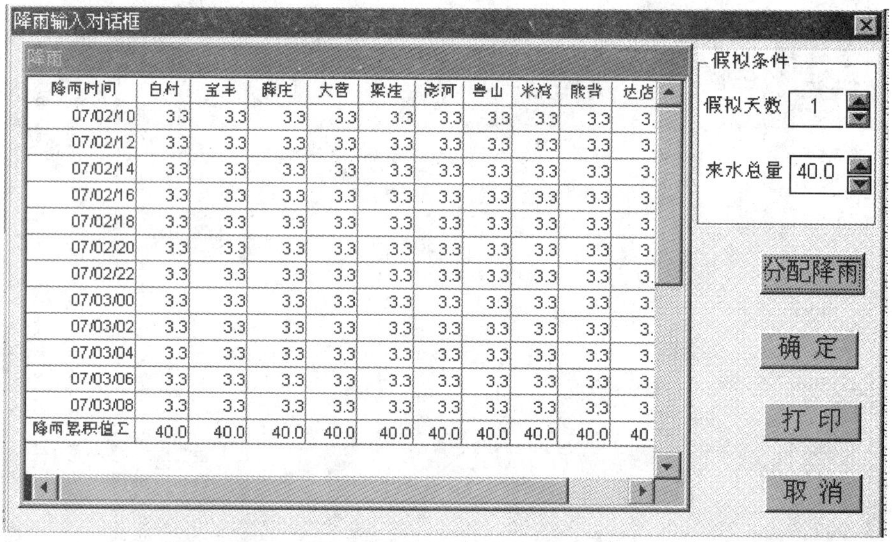

图 3.11 假拟洪水预报降雨输入界面

3.3.2.3.4 *Pa* 计算降雨输入界面设计

Pa 计算降雨输入界面类同实时洪水预报段降雨输入界面图 3.10，各站降雨是以日为输入段，见图 3.12。

3.3.2.3.5 洪水特征信息查询界面设计

洪水特征信息查询主要是为了实时查询到当前时刻降雨总量，净雨总量，洪水总量，及洪峰、洪量的值，相应的重现期和发生时间。查询内容视提供的资料而有所不同，其界面见图 3.13。

降雨时间	白村	宝丰	薛庄	大营	梁洼	澎河	鲁山	米湾	熊背	达店
1998/06/01	0.0	0.0	0.0	0.0	0.0	0.0	0.0	0.0	0.0	0.0
1998/06/02	0.0	0.0	0.0	0.0	0.0	0.0	0.0	0.0	0.0	0.0
1998/06/03	0.0	0.0	0.0	0.0	0.0	0.0	0.0	0.0	0.0	0.0
1998/06/04	0.0	0.0	0.0	0.0	0.0	0.0	0.0	0.0	0.0	0.0
1998/06/05	0.0	0.0	0.0	0.0	0.0	0.0	0.0	0.0	0.0	0.0
1998/06/06	0.0	0.0	0.0	0.0	0.0	0.0	0.0	0.0	0.0	0.0
1998/06/07	8.0	12.0	4.0	8.0	5.0	8.0	5.0	2.0	0.0	1.0
1998/06/08	2.0	3.0	1.0	0.0	2.0	0.0	1.0	1.0	1.0	0.0
1998/06/09	0.0	0.0	0.0	0.0	0.0	0.0	0.0	0.0	0.0	0.0
1998/06/10	0.0	0.0	0.0	0.0	0.0	0.0	0.0	0.0	0.0	0.0
1998/06/11	0.0	0.0	0.0	0.0	0.0	0.0	0.0	0.0	0.0	0.0
1998/06/12	0.0	0.0	0.0	0.0	0.0	0.0	0.0	0.0	0.0	0.0
1998/06/13	0.0	0.0	0.0	0.0	0.0	0.0	0.0	0.0	0.0	0.0
1998/06/14	0.0	0.0	0.0	0.0	0.0	0.0	0.0	0.0	0.0	0.0
1998/06/15	0.0	0.0	0.0	0.0	0.0	0.0	0.0	0.0	0.0	0.0

图 3.12　*Pa* 计算降雨输入界面

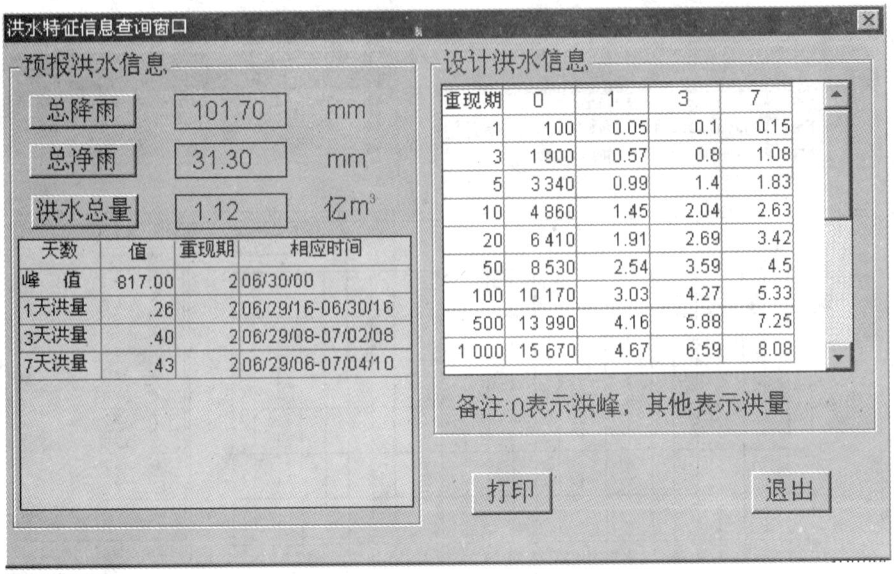

天数	值	重现期	相应时间
峰　值	817.00	2	06/30/00
1天洪量	.26	2	06/29/16-06/30/16
3天洪量	.40	2	06/29/08-07/02/08
7天洪量	.43	2	06/29/06-07/04/10

重现期	0	1	3	7
1	100	0.05	0.1	0.15
3	1 900	0.57	0.8	1.08
5	3 340	0.99	1.4	1.83
10	4 860	1.45	2.04	2.63
20	6 410	1.91	2.69	3.42
50	8 530	2.54	3.59	4.5
100	10 170	3.03	4.27	5.33
500	13 990	4.16	5.88	7.25
1 000	15 670	4.67	6.59	8.08

图 3.13　洪水特征信息查询界面

3.3.2.3.6　经验单位线输入与修改界面设计

实际洪水调度中随着资料的积累，单位线需要修改和补充，图 3.14 提供了这方面的功能。在图 3.14 所示的界面下，可以输入或修改经验单位线。

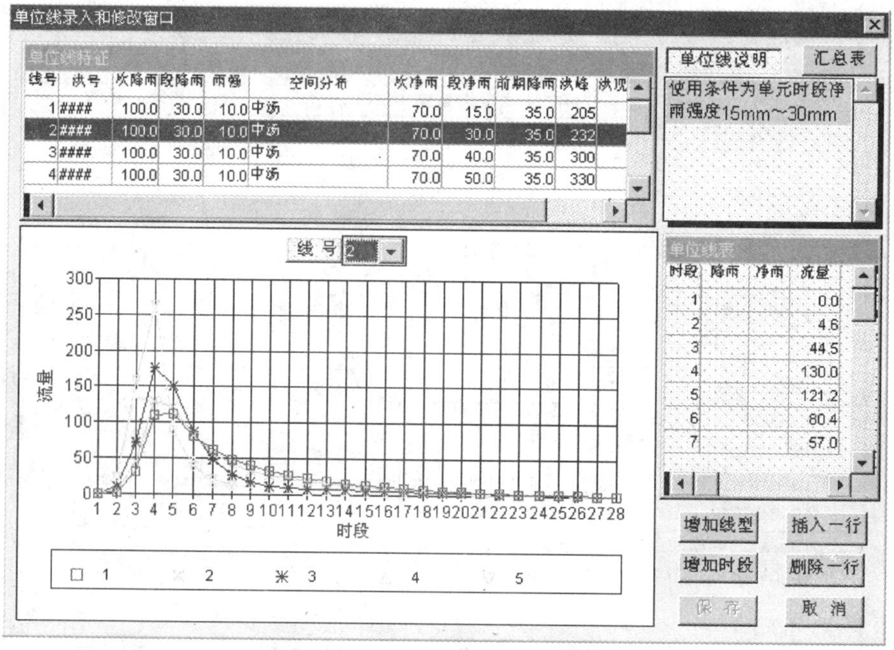

图 3.14　经验单位线输入与修改界面

3.3.2.3.7　模式单位线参数输入与修改界面设计

实际洪水调度中随着资料的积累,模式单位线需要修改和补充,图 3.15 提供了这方面的功能。在图 3.15 所示的界面下,可以输入或修改模式单位线的参数。

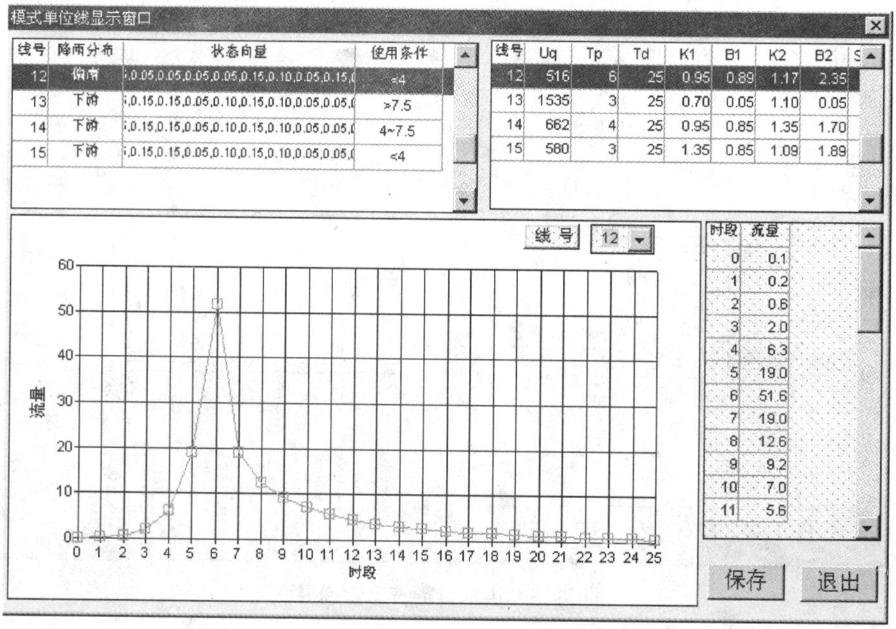

图 3.15　模式单位线参数输入与修改界面

3.3.2.4　**子系统数据库设计**

为使系统能应用于单机和网络环境,系统通过对数据库的划分,用创建事务对象的方法来管理数据库(见表 3.1),以修改初始化的文件来实现系统的连接,详细资料参见有关文献。

表 3.1 洪水预报子系统数据库表一览

项目名	表名	用途说明
单元特征表	unit	描述水库或防洪控制点的特征
洪水预报系统时间表	rain _ time	记录与洪水过程预报相关的时间
Pa 计算时间表	Pa _ time	记录与 *Pa* 计算相关的时间
大伙房模型产流参数表	dhf _ r	描述大伙房产流模型参数
大伙房模型汇流参数表 1	dhf _ flow1	描述大伙房汇流模型几个单一参数
大伙房模型汇流参数表 2	dhf _ flow2	描述大伙房汇流模型降雨空间分布参数
蓄满产流单层模型表	wm _ singles	描述蓄满产流单层模型参数
蓄满产流双层模型表	wm _ doubles	描述蓄满产流双层模型参数
单位线特征表	unitgraph _ note	描述单位线的基本特征与使用条件
单位线数值表	unitgraph _ value	描述单位线各种预报方案
出口断面单位线数值表	unitgraph _ coe	演进到出口断面的单位线
模式单位线特征表	mode _ feature	描述模式单位线的基本特征
模式单位线数值表	mode _ unigraph	描述模式单位线方案参数
蒸发能力参数表	evaporation	各种天气情况下每月日蒸发能力
前期土壤含水量折减系数	api	各月折减系数
河槽汇流系数表	routing _ coe	用于单元出口断面流量过程演进
降雨输入表	rain _ input	动态输入各站降雨,为临时表
洪水预报过程表	flow _ forecast	保存单元洪水过程
前期土壤含水量表	pa0	保存单元的前期土壤含水量
日降雨量表	rain _ day	描述各站日降雨量
段降雨量表	rain _ period	描述各站时段降雨量
雨量站表	rainstation	描述雨量站名、站号、权重
实际洪水过程表	real _ flood	实际洪水过程
分区洪水过程表	subunit _ flow	分区洪水过程
设计洪水频率参数表	Design _ flood _ fre	设计洪水频率参数值
设计洪水类型表	Design _ flood _ fre	设计洪水类型
实时洪水特征信息表	Info _ real _ flood	各种重期的实时洪水特征信息
分区雨量站构成	subunits	描述分单元的基本特征

3.3.2.5 各单元所使用预报模型

流域洪水预报子系统采用了现阶段正在使用的产、汇流预报模型,见表 3.2。

表 3.2 各单元使用的产、汇流预报模型

单元号	单元名	产流模型类型	汇流模型类型
1	昭平台水库	径流相关模型	经验单位线
2	白龟山水库	大伙房产流模型	模式单位线

3.4 交互式洪水调度子系统

交互式洪水调度子系统是本软件系统的最主要子系统之一，是为决策者提供的洪水调度成果的最终体现。它将应用洪水预报子系统的预报成果，以自动与交互的方式制订多个实时可行调度方案，并可结合决策者的经验，对这些方案作出评价，为防洪调度决策提供良好的支持信息。下面对子系统的功能、结构及其设计做以论述。

3.4.1 交互式洪水调度子系统的功能

3.4.1.1 制订水库洪水调度方案

3.4.1.1.1 *自动方式*

自动按水库防洪调度的规划方案，推求实时洪水的调度过程。

3.4.1.1.2 *交互方式*

按任一时段常规泄流量或交互启闭泄流设备的任意组合，推求水库实时防洪调度方案。由此，可生成调度决策人员的任一指定方案。

3.4.1.2 方案评价

调度决策人员结合调度经验，通过对各目标重要度的模糊语气描述，交互确定多目标的权重，应用多目标模糊优选模型，对多目标调度方案作出定量评价。

3.4.1.3 成果输出

可按表格、图形等方式输出洪水调度成果。

3.4.1.4 帮助

可对软件系统的使用提供帮助，可查询水库、河道等工程信息。

3.4.2 交互式洪水调度子系统的结构设计

3.4.2.1 菜单结构

为了实现图 3.2 中的功能，设计了如图 3.16 所示的交互式洪水调度子系统菜单。

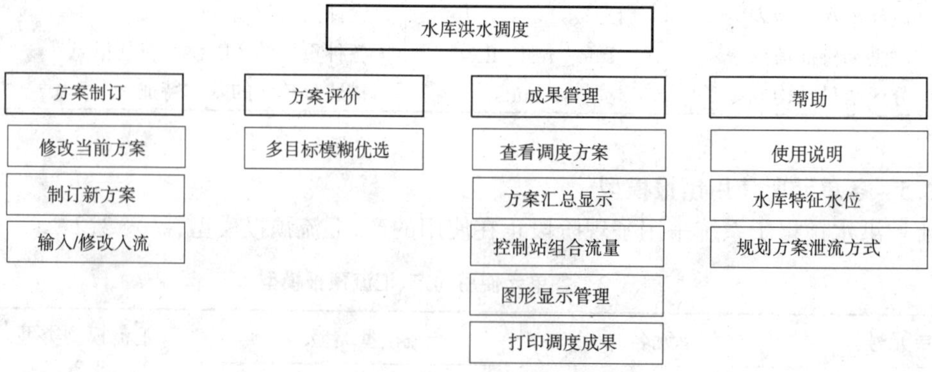

图 3.16 交互式洪水调度子系统菜单

3.4.2.2 **数据流程**

水库防洪调度子系统内部的工作流程与数据流程以及与其他子系统间的数据交换如图 3.17 所示。

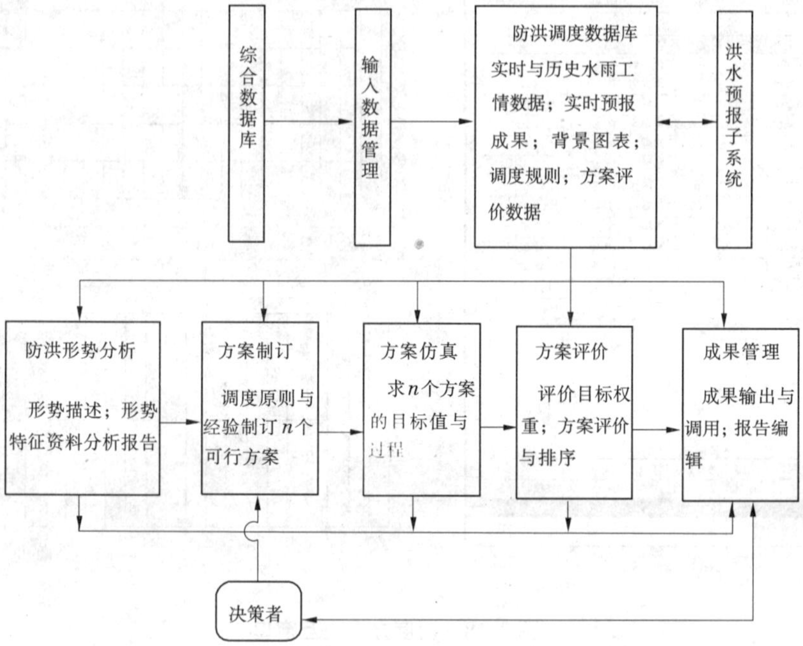

图 3.17　工作流程与数据流程以及与其他子系统间的数据交换

3.4.3　交互式洪水调度子系统的界面设计

3.4.3.1　水库洪水调度方案的生成界面

为了制订水库洪水调度方案，设计了如图 3.18 所示的交互窗口界面。

其中，上部为菜单条及其简捷图形按钮，左中部为调度方案的数值信息，左下部为调度方案的特征信息，右部为调度方案的图形信息。

在系统进入图 3.18 所示的交互界面时，先按水库洪水调度的规划方案，针对实时的洪水预报成果，自动生成两个相同的方案：第 1 方案为规划方案，不允许修改，一直作为生成其他方案的比较标准；第 2 方案初值仍为规划方案的调度过程，但调度人员可对此方案作出反复的修改，直至满意为止。若这两个方案不足以作比较时，可生成第 3 方案参与方案的比较与评价。

考虑到系统的实用性，当推求梯级水库的调度方案时，可按从上到下的顺序逐级进行调节。在调节下游水库的调度方案时，先将上游水库从多个方案中选 1 个较满意方案作为初始决策方案（局部选优）；再将此方案的泄流作为下一级水库入流的一部分来推求下一级水库的入流，并进行下一级水库的调度。当推求并联水库的调度方案时，先调节防洪能力差的水库，从多个方案中选 1 个较满意方案作为初始决策方案；再调节防洪能力强的水库，将控制站的组合流量作为多目标之一，选择系统较满意的调度方案。实时调度中，可根据系统的反馈信息，对各水库的调度方案进行必要的修改，直至得到较为满意的水库防洪系统的洪水调度方案为止。

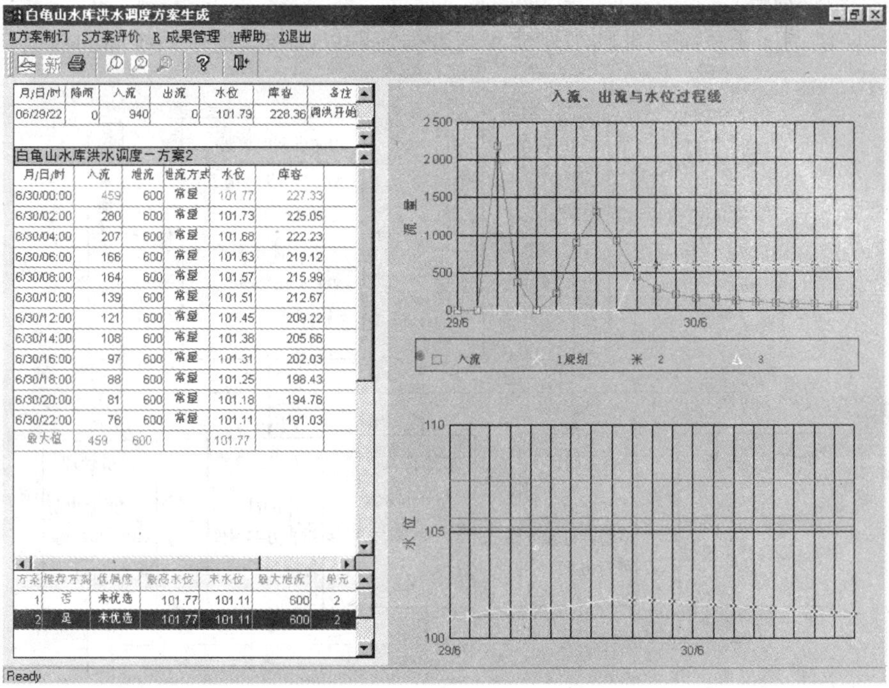

图 3.18 调度方案交互窗口

图 3.19 确定泄流设备开启状态的交互界面

在交互生成水库洪水调度方案时，有时需交互确定水库泄流设备的开启状态。为此设计了如图 3.19 所示的交互界面。用户只需给定数据窗中所列泄流设备的开启数即可。其中，同一泄流设备可有不同开度，程序自动检查同一泄流设备不同开度的开启总数是否合理，从而提醒用户作必要的修改。

在交互生成水库洪水调度方案时，有时需交互确定水库在某时段的泄流常量。为此，设计了两种方法输入时段泄流常量：可直接在图 3.18 所示交互界面的调度方案数据窗的“泄流量”列的相应时段输入要泄的流量，也可点击调度方案数据窗的“设备状态”列，在下拉框中选“常量”，弹出如图 3.20 所示的交互界面。在多个时段的泄流量相同时更为简便。

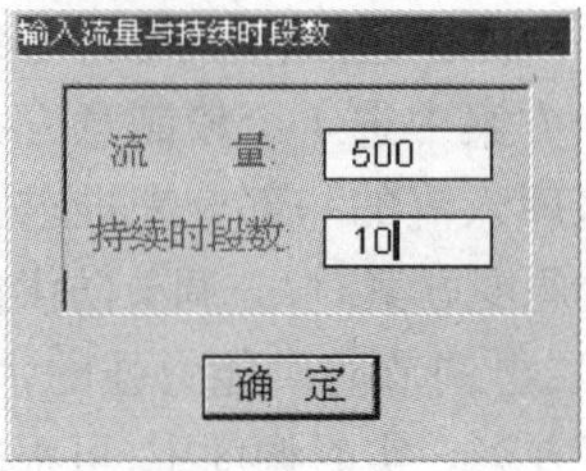

图 3.20 输入泄流常量交互界面

在系统进入水库洪水调度主交互界面前，要输入调洪初始水位等初始条件，其交互界面如图 3.21 所示。其中，包括从降雨开始至当前调洪时刻已发生的水库实际出流与水位，以便反推水库实际入流，可作为修改预报洪水的依据之一。

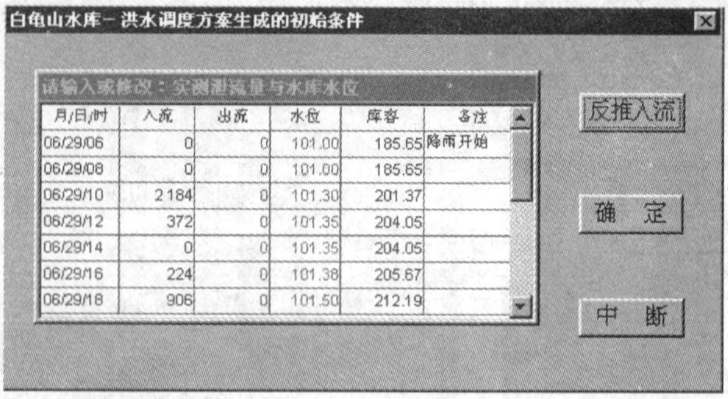

图 3.21　输入水库调洪初始条件交互界面

3.4.3.2　洪水调度方案评价界面

为对洪水调度的多个方案作出评价，设计了如图 3.22 所示的交互窗口界面。其中，上部为确定目标权重对话组框，下部为方案的定量评价结果，右部为功能按钮。洪水调度方案评价所使用的方法为多目标模糊优选理论与模型。

图 3.22　洪水调度方案评价窗口界面

3.4.3.3　洪水调度成果管理

(1)查询调度方案。在水库调度方案交互窗口上，可点按工具条上的①②③，随时查询所制订的调度方案，并可以多种方式进行查询，即

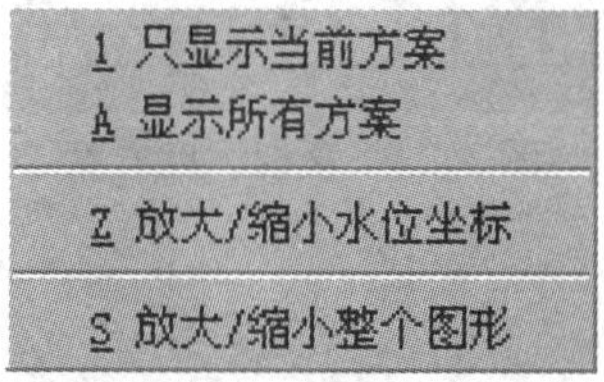

如在图上可作单方案查询，当只显示当前方案时的界面如图 3.23 所示。

还可对图 3.23 右侧图形进行放大，如图 3.24 所示。

(2)打印输出。可以以如图 3.25 所示的方式对调度方案作打印输出。

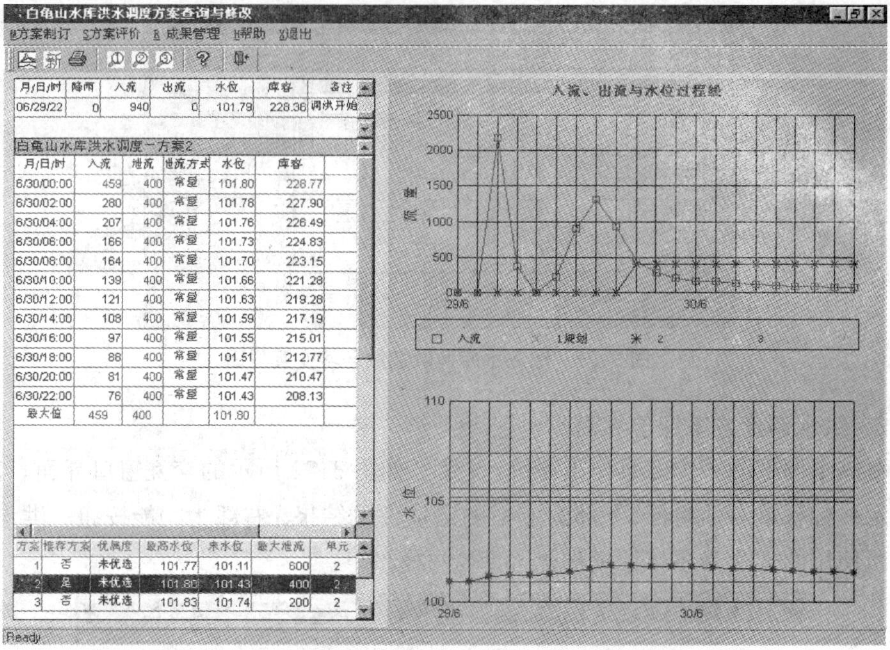

图 3.23　查询调度方案

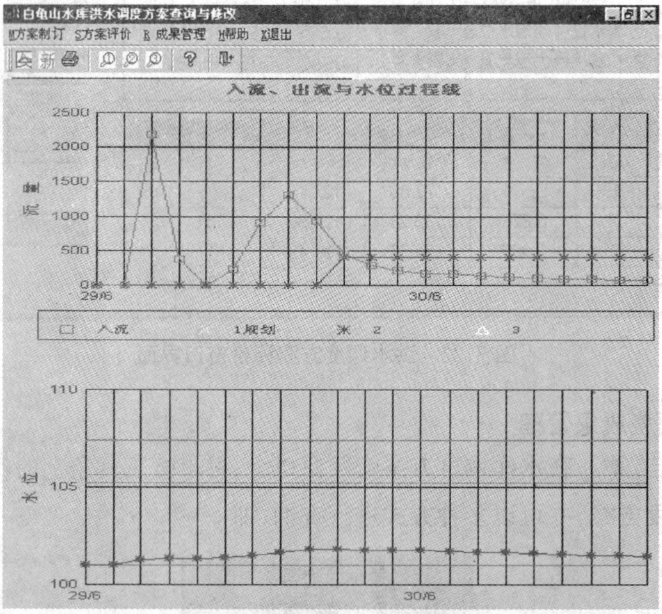

图 3.24　查询调度方案

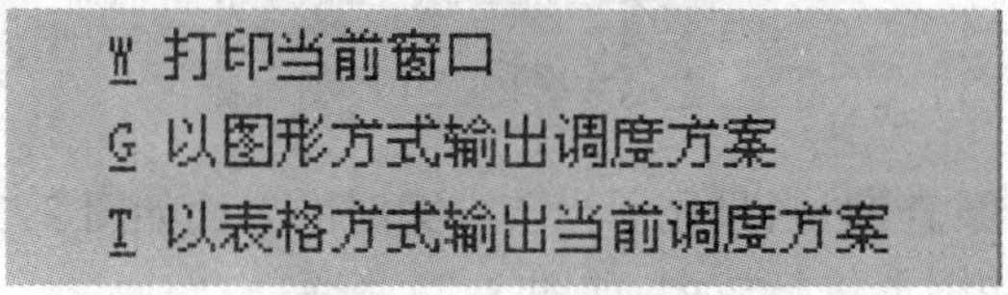

图 3.25　打印菜单

(3)调度方案的汇总显示与输出(见图 3.26)。

白龟山水库各调度方案的特征值

方案	推荐方案	优属度	最高水位	末水位	最大泄流	降雨开始	调洪开始	调洪结束
1	否	未优选	101.77	101.11	600	1998/06/29	1998/06/29/22	1998/06/30/2
2	是	未优选	101.80	101.43	400	1998/06/29	1998/06/29/22	1998/06/30/2
3	否	未优选	101.83	101.74	200	1998/06/29	1998/06/29/22	1998/06/30/2

白龟山水库各调度方案的入流，出流，水位与库容变化过程

白龟山水库调度方案的汇总

	方案1				方案2			
月/日/时	入流	出流	水位	库容	入流	出流	水位	库容
6/30/00:00	459	600	101.77	227.33	459	400	101.80	228.77
6/30/02:00	280	600	101.73	225.05	280	400	101.78	227.90
6/30/04:00	207	600	101.68	222.23	207	400	101.76	226.49
6/30/06:00	166	600	101.63	219.12	166	400	101.73	224.83
6/30/08:00	164	600	101.57	215.99	164	400	101.70	223.15
6/30/10:00	139	600	101.51	212.67	139	400	101.66	221.28

打 印　　退 出

图 3.26　调度方案的汇总显示与输出

第 4 章　昭 - 白梯级水库联合防洪优化调度

昭平台水库、白龟山水库均为大Ⅱ型水库，自 1966 年竣工并投入运行以来，在防洪兴利方面发挥了显著作用。但由于原规划设计中没考虑梯级水库的联调补偿作用，所以 40 年来两个水库一直按照原规划设计中对其单独制定的调度运用方式，各自采用单库运行模式进行洪水调度运用。这样，虽能保证水库工程的安全度汛，但对于梯级水库的下游水库和河道，由于没有考虑相互间的调剂和补偿作用，所以不能发挥其最大的防洪效益。

为妥善解决上述问题，进行昭 - 白梯级水库的联合防洪优化调度研究，以充分利用水库群的补偿调节作用，提高防洪效益。

4.1　梯级水库联合防洪调度主要方法及内容

4.1.1　梯级水库联合调度方式

梯级水库共同承担下游防洪保护区的防洪任务时，应研究如何统一调度，充分发挥水库整体最优的防洪效果。通常是首先按各水库所处的地理位置、控制洪水来源的比重、所设置防洪库容的大小及担任综合利用任务的情况等，分别拟定各水库的调洪方式；然后，再根据洪水地区遭遇和组合，拟定水库群统一调度方式。

水库的防洪调度方式通常分为固定泄量方式和补偿调度方式两种。前者适用于水库坝址至下游防洪控制点之间流域面积较小，下游是否受洪水威胁取决于水库泄量的大小。后者适用于水库坝址至下游防洪控制点之间流域面积较大、且洪水组成多变的情况，其调度方式是：当区间来水量大时水库少泄，区间来水量小时水库多泄，使水库泄水量与区间来水量的合成流量不超过下游安全泄量。如果上游水库与下游防洪地区之间有一定距离，两者之间的区间来水又不可忽略，区间洪水有预报方案，能提供有一定预见期的较精确的预报成果，在这种情况下，为了充分发挥水库防洪库容的作用和充分利用下游堤防的泄洪能力，可进行补偿调度。在补偿调度方式中，水库的补偿放水主要是由下游防洪地区的安全泄量及区间的来水量确定的，泄洪量与区间来水量可采用错时间叠加或者采用马斯京根法进行洪水演进。

对于梯级水库，由于上游水库距防洪控制点较远，且其下泄流量可由下级水库再调节。因此，若梯级水库各库洪水基本上同步时，应先蓄上游水库、后蓄下游水库，以达到防洪库容最充分利用的效果。梯级水库泄洪次序一般与水库蓄洪运用次序相反，并以最下一级水库的泄量加区间流量不大于防洪控制点安全泄量为原则，尽快腾空各水库的防洪库容。若各库洪水组合遭遇多变，则应根据洪水实际发生情况确定水库的运用次序，例如，一般可根据降雨信息，确定在暴雨中心上游的水库先蓄洪，暴雨中心下游的水库后蓄洪。若暴雨洪水主要发生在梯级水库最下一级至防洪控制点的区间，那么一般可采用先蓄上游水库，后蓄下游水库的运用次序。下面重点阐述梯级水库间的补偿调节。

4.1.2 梯级水库联合防洪补偿调节原理

补偿调度的基本思路是：首先根据各水库的入库洪水过程，按照梯级水库联合补偿调度原理，在考虑水库补偿的情况下，自上而下进行调洪计算；对于出现的超载水量，可以从两方面调整各水库的泄洪策略（预泄与拦蓄），以满足下游防洪要求。

图 4.1、图 4.2 为补偿调节原理图。

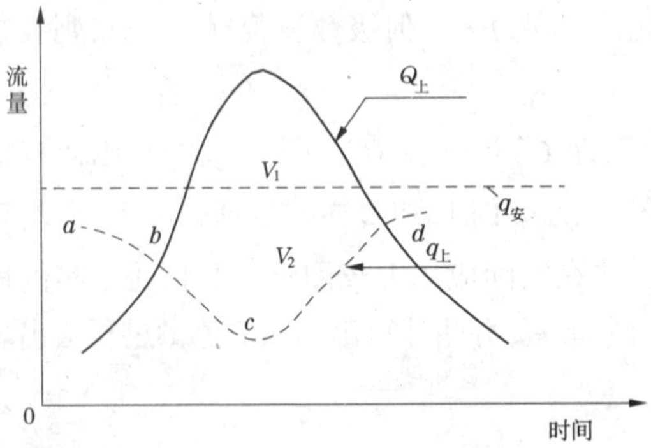

图 4.1 梯级水库补偿调节原理图

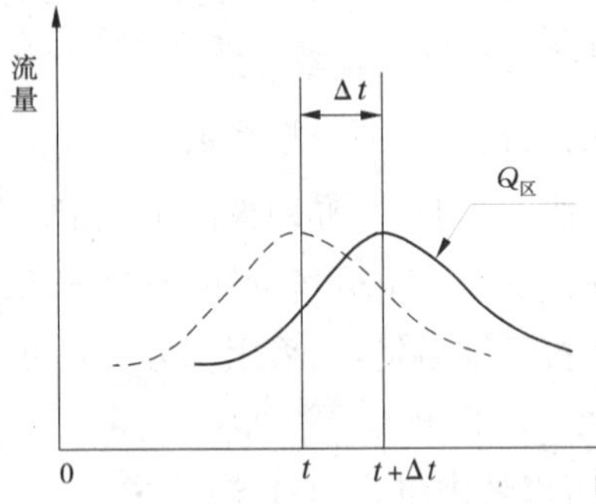

图 4.2 区间洪水过程

图中，$Q_上$ 为上游水库入库水过程线，$Q_区$ 为区间洪水过程线，$q_上$ 为上游水库下泄流量过程，$q_安$ 为下游河道安全泄量。

如图 4.1 所示，上游水库下泄流量 $q_上$ 采用马斯京根法进行演进并与区间洪水 $Q_区$ 进行叠加，上游水库补偿泄水流量由下式确定：$q_上 \leqslant q_安 - Q_区$。上游水库时段下泄流量应根据区间时段的流量凑泄，如图 4.2 所示将区间入流过程向前平移 Δt，然后倒置在 $q_安$ 水平线之下，可得到如图 4.1 所示的考虑补偿情况下的上游水库下泄流量过程 $q_上$（见图 4.1中曲线 $abcd$）和实际需要的防洪库容 $V_1 + V_2$。

4.1.3 河道流量反演计算研究

本研究在梯级水库补偿调节计算中，为计算的准确性，并没有采用错时段叠加的方法求解上游水库的补偿泄水流量，而采用马斯京根法反演上库的补偿泄水流量，但在实践中发现直接反演算法计算十分不稳定。针对存在的问题，对直接倒演算法进行了改进，得到了基于马斯京根法的河道流量反演改进算法。并通过摄动分析说明了反演算法是稳定的，实例计算也说明了该方法是适合的。

目前，河道洪水演进采用马斯京根法，其流量演算公式为

$$O(t+1) = C_0 I(t+1) + C_1 I(t) + C_2 O(t) \tag{4.1}$$

式中：$I(t)$为上断面进入河段的流量过程；$O(t)$为与 $I(t)$相应的断面流出的流量过程；C_0、C_1、C_2 为演算公式的系数；$C_0 + C_1 + C_2 = 1$。

$$I(t+1) = \frac{1}{C_0} O(t+1) - \frac{C_2}{C_0} O(t) - \frac{C_1}{C_0} I(t) \tag{4.2}$$

令 $C'_0=1/C_0$；$C'_1=-C_2/C_0$；$C'_2=-C_1/C_0$；$C'_0+C'_1+C'_2=1$。则式(4.2)可写成

$$I(t+1)=C'_0O(t+1)+C'_1O(t)+C'_2I(t) \tag{4.3}$$

假设 $I(2)$、$I(3)$、…、$I(n)$为初值取真值时各时刻入流之估计值，$I_c(1)=I(1)+\varepsilon$。式中 ε 为初值的摄动。依次类推，得

$$I_c(n)=I(n)+(C'_2)^{n+1}\varepsilon \tag{4.4}$$

其中，$I(n)=C'_0O(n)+C'_1O(n-1)+C'_2I(n-1)$。

在递推计算过程中，由于初始值与真值不可能相等，因此 $\varepsilon\neq0$，由 ε 所引起的误差项为ε、$C'_2\varepsilon$、$(C'_2)^2\varepsilon$、$(C'_2)^3\varepsilon$、…、$(C'_2)^{n+1}\varepsilon$，此误差项为一几何级数。若$|C'_2|>1$，则级数发散；若$|C'_2|<1$，则级数收敛。

一般来说，河道马斯京根系数 $C_1>C_0$，而，即 $C'_2=-C_1/C_0$，即$|C'_2|>1$，因此直接倒演算法误差级数不收敛，亦即算法不稳定。若$|C'_2|<1$ 时，随着递推运算的深入，会出现较大的跳跃误差。由以上分析可知，直接倒演算法在实际应用上较困难。并且通过实例进行河道流量直接反演后发现，采用本方法计算效果很差，有些计算出的入流流量过程会出现大幅度跳跃。

因此，可以考虑将式(4.1)改写成

$$I(t-1)=\frac{1}{C_1}O(t)-\frac{C_2}{C_1}O(t-1)-\frac{C_0}{C_1}I(t) \tag{4.5}$$

令 $C''_0=1/C_1$；$C''_1=-C_2/C_1$；$C''_2=-C_0/C_1$；$C''_0+C''_1+C''_2=1$。则式(4.5)可写成

$$I(t-1)=C''_0O(t)-C''_1O(t-1)-C''_2I(t) \tag{4.6}$$

为不失一般性，设 $I_c(n)=I(n)+\varepsilon$，$I(t)$为末值取真值时各时刻入流之估计值；设$I_c(t)$为末值有摄动时各时刻入流之估计值。

据式(4.6)，有

$$I(n-1)=C''_0O(n)+C''_1O(n-1)+C''_2I(n)$$
$$I_c(n-1)=I(n-1)+C''_2\varepsilon$$
$$I_c(n-2)=I(n-2)+(C''_2)^2\varepsilon$$
$$\vdots$$
$$I_c(n-m)=I(n-m)+(C''_2)^m\varepsilon\quad(m=1,2,\cdots,n-1)$$

由 ε 引起的误差项为ε、$C''_2\varepsilon$、$(C''_2)^2\varepsilon$、$(C''_2)^3\varepsilon$、…、$(C''_2)^{n-1}\varepsilon$，此误差级数为一几何级数。

当$|C''_2|<1$ 时，级数收敛；当$|C''_2|>1$ 时，级数发散。

因为 $C''_2=-C_0/C_1$，实际洪水中，通常 $C_1>C_0$，故$|C''_2|<1$。因此，反演改进算法误差级数收敛，此方法可用于实际生产中。

通过实例计算结果可见，反演改进算法使用效果较好、算法稳定。递推计算时，如果第一个初始数据取值有一些误差，但对计算结果影响不大，计算过程中会自动消除前面所传递的误差。

4.1.4 水库联合防洪调度研究的主要内容

水库群防洪调度主要是研究水库群承担其下游共同的防洪任务时的洪水调度方法，必须根据下游防护对象的防洪标准及防洪控制点河道安全泄量，研究如何由水库群中各水库的联合调控，以达到下游的防洪要求。对于下游防洪标准设计洪水，必须结合干支流水库控制面积的情况，考虑干支流及区间洪水的地区组合，及相对应的干支流水库调控洪水的方式。不同的地区洪水组合类型，要求各水库所承担的调控洪水的作用也不相同。由此可见，水库群洪水调度问题远比单一水库洪水调度复杂。

除了对于水库群承担下游防洪任务的洪水调度之外，与单库情况相似，还有水库安全的洪水调度问题。只不过这里应从水库群中各水库的相互关系出发，着眼于研究水库群的整体安全的洪水调度问题。本研究就是在基于补偿调度的基础上，着眼上下游水库的整体防洪安全的梯级水库联合防洪优化调度研究。

4.2 昭－白梯级水库联合防洪优化调度研究

4.2.1 昭－白梯级水库联合防洪调度的必要性和可行性分析

4.2.1.1 昭－白梯级水库联合防洪调度必要性分析

(1)昭－白梯级水库联合防洪调度是改变现行梯级水库调度规则，优化防洪调度的要求。防洪是水库汛期控制运用的主要任务。目前，在汛期，昭平台水库、白龟山水库仍采用不考虑洪水预报与降雨预报，调节不同标准的设计洪水时，只用库水位作为判断洪水发生和改变泄量的标准，以预定的泄流方式进行水库调度，就形成“前期泄流偏少，后期泄流偏大，库水位较高，不能实现预泄，泄流不均匀，敞泄时间较长”的调洪结果。实行梯级水库联合防洪调度后，在防洪形势紧张的情况下，昭平台水库、白龟山水库可以充分发挥其调节作用，拦蓄洪峰流量，达到削峰、错峰的目的，减轻下游的河道及城市的防洪压力。

(2)昭－白梯级水库联合防洪调度是水库本身及下游防洪安全的需要。当水库上、下流域普降大暴雨时，水库本身防洪安全与下游防洪安全的矛盾非常突出，具体表现为从下游防洪出发，要求水库多蓄水、少泄水，而从水库安全出发则要求水库早泄水、多泄水。但是由于下游河道堤防年久失修、淤积等因素，降低了河道的允许安全泄量，也势必降低水库的设计标准。实行水库间的联合防洪调度，可以实现水库的提前泄流、均匀泄流，有效减小下游水库的最大下泄流量，减小水库动用的防洪库容，保障水库本身安全和下游河道流量在安全泄量范围之内。

(3)昭－白梯级水库联合防洪调度可有效解决防洪与兴利之间的矛盾。我国北方年降水大部分集中在汛期，为了水库防洪安全，整个汛期库水位降得较低，不敢蓄水，导致许多水库汛后无水可蓄，无水可用，造成洪水资源的浪费。解决防洪与兴利矛盾的关键是对未来水文规律的了解和预测，但是目前中长期水文预报还不可靠，未达到可利用的程度，防洪与兴利的矛盾仍将伴随着整个防洪调度过程长期存在。目前，下游白龟山水库已进行了汛限水位动态控制方面的研究,可以在保证水库及下游防洪安全的前提下,提高汛限水位,使工业生活用水量明显增加,效益显著;与此同时,也可考虑采用梯级水库的水资源联合调度等手段,在具体的洪水调度中利用上游水库的补偿调节作用,把每场洪水的洪尾拦蓄下来,待洪水过后可以增加上游昭平台水库发电出力,同时增加下游水库的入库流量,提高水量的利用率,实现梯级水库的兴利联合调度,改善水库的兴利现状,具体研究有待下一步开展。

4.2.1.2 昭-白梯级水库联合防洪调度可行性分析

(1)上游昭平台水库为多年调节的大型水库,防洪库容较大,补偿作用较大;下游白龟山水库为大型年调节水库,能够对洪量起控制作用。因此,可以考虑进行梯级水库的联合防洪调度,充分利用上游昭平台水库防洪库容大的特点,对下游白龟山水库进行补偿调节。

(2)已建立的水情测报和洪水预报调度系统,水库原设计所依据的典型洪水过程,或者运行中实际发生的各类典型洪水过程,都具有相应的场次逐段降雨过程记录。进行梯级水库联合防洪补偿调节,洪水预报的准确性是关键。目前,昭平台水库、白龟山水库可利用短期降雨预报的有效预见期为 24 h,昭平台水库的泄洪量到白龟山水库的洪水传播时间平均为 5~6 h,昭—白区间洪水采用洪水预报数学模型进行洪水预报,预报合格率达 85%以上,预报精度为甲级。故目前的洪水预报结果可应用于联合防洪调度

(3)已建设的卫星云图收集、水雨情实时遥测、预报调度系统,配备了专管技术人员,经多年检验和考评认定“系统运行正常”;信息传递畅通率、误码率达到规范要求;与决策机构联系的“通讯系统”,经多年运行、考评证明,系统畅通率99.99% 。这些为梯级水库联合调度创造了良好的硬件条件。

(4)昭-白梯级水库除险加固工程的完工和防汛预报调度系统的更新升级完毕。

根据以上分析,进行昭-白梯级水库联合防洪调度不仅是必要的,而且是可行的。通过联合优化调度可以更加合理地调度洪水,最大限度地减少洪水灾害损失,优化水资源配置。

4.2.2 昭-白梯级水库联合调度方式

基于梯级水库上、下游防洪标准及要求和泄洪设施的控制能力,确定以白龟山水库为“有下游防洪任务、分级有闸控制”和昭平台水库为“有下游防洪任务、分级有闸控制、以库水位和区间补偿规则为判别条件”的梯级水库联合防洪调度方式。

4.2.3 昭-白梯级水库联合防洪调度规则

昭平台水库防洪起调水位 167.0 m,汛后正常蓄水位 169.0 m,允许最高洪水位 181.0 m。

白龟山水库防洪起调水位 102.0 m,汛后正常蓄水位 103.0 m,校核洪水位 109.56 m。

两水库采用库水位作为判断洪水量级的标准。天然洪水划分为 4 级:第 1 级为小于等于20 年一遇;第 2 级为大于 20 年一遇,小于等于 50 年一遇;第 3 级为大于 50 年一遇,小于等于 100 年一遇;第 4 级为超过 100 年一遇。

(1)当白龟山水库的库水位<105.38 m(小于20 年一遇标准)时,白龟山水库控泄,控泄流量 600 m^3/s。

①当昭平台水库入库洪水小于等于10年一遇(即库水位≤174.44 m)时,昭平台水库控泄300 m^3/s。

当白龟山入库洪水≤600 m^3/s时,来多少泄多少;当入库洪水> 600 m^3/s时,控泄600 m^3/s。库水位不低于102.00 m。

②当昭平台水库入库洪水超过10年一遇(即177.60 m>库水位>174.44 m)时,若昭—白区间入库流量不超过3 000 m^3/s,则昭平台水库按白龟山水库最大入库流量不超过3 000 m^3/s对白龟山水库进行补偿调节;若昭—白区间入库流量超过3 000 m^3/s,则昭平台水库不敞泄,按照昭平台水库水位174.44 m对应的泄量2 350 m^3/s控泄;若昭平台水库库水位达到177.6 m,尧沟泄洪闸全开,不再进行补偿调节。

③当昭平台水库入库洪水超过设计洪水位,库水位达到177.6 m时,尧沟泄洪闸全开;当库水位达到180.6 m时,杨家岭闸全开。

(2)当105.90 m>白龟山水库的库水位> 105.38 m(大于20年一遇,小于等于50年一遇)时,白龟山水库控泄3 000 m^3/s。

①当昭平台水库入库洪水超过10年一遇、177.60 m>库水位>174.44 m时,若昭—白区间入库流量不超过3 000 m^3/s,昭平台水库按白龟山水库最大入库流量不超过3 000 m^3/s对白龟山进行补偿调节;若昭—白区间入库流量超过3 000 m^3/s,昭平台水库不敞泄,按照昭平台水位174.44 m对应的泄量2 350 m^3/s控泄。

②如果昭平台水库入库洪水超过设计洪水位,当库水位达到177.6 m时,尧沟泄洪闸全开,不再进行补偿调节;当库水位达到180.6 m时,杨家岭闸全开。

(3)当白龟山库水位> 105.90 m(大于50年一遇,小于100年一遇)时,白龟山水库泄洪闸全开。

①当昭平台水库入库洪水超过10年一遇,177.60 m>库水位>174.44 m时,若昭—白区间入库流量不超过3 000 m^3/s,昭平台水库按白龟山水库最大入库流量不超过3 000 m^3/s对白龟山进行补偿调节;若昭—白区间入库流量超过3 000 m^3/s,昭平台水库不敞泄,按照昭平台水位174.44 m对应的泄量2 350 m^3/s控泄。

②如果昭平台水库入库洪水超过设计洪水位,当库水位达到177.6 m时,尧沟泄洪闸全开;当库水位达到180.6 m时,杨家岭闸全开。

(4)白龟山库入库洪水若大于100年一遇(库水位>106.19 m)时,白龟山水库泄洪闸全开,同时北干渠泄洪200 m^3/s,此时昭平台水库原则上不再考虑补偿调节。

注:当昭平台水库库水位超过10年一遇(177.60 m>库水位>174.44 m)时,昭平台水库并不敞泄,而采用补偿调度方式对下游水库进行补偿调节;当库水位超过设计洪水位177.60 m时,才进行敞泄。在实际操作中,考虑到下游白龟山水库的安全,昭平台水库在敞泄后的退水段也进行了控制,即当库水位低于174.44 m时,控泄300 m^3/s,而不是一直敞泄。

4.2.3.1 调度结果

调度结果如表4.1、表4.2所示。

表 4.1　100 年一遇洪水调洪部分计算结果

（昭—白区间设计，昭平台水库以上相应）

时段	昭平台水库 入库流量（m^3/s）	昭平台水库 出库流量（m^3/s）	昭平台水库 水位（m）	昭—白区间 流量（m^3/s）	昭—白区间 入库流量（演进流量+区间流量）（m^3/s）	白龟山水库 出库流量（m^3/s）	白龟山水库 水位（m）
136	1 527	300.00	170.81	991	1 291	600.00	103.01
137	1 963	300.00	171.01	856	1 156	600.00	103.04
138	2 246	300.00	171.23	721	1 021	600.00	103.06
139	2 528	300.00	171.47	634	934	600.00	103.08
140	3 461	300.00	171.83	591	891	600.00	103.09
141	4 043	300.00	172.24	549	849	600.00	103.11
142	5 625	300.00	172.81	638	938	600.00	103.13
143	5 814	300.00	173.38	856	1 156	600.00	103.16
144	4 607	300.00	173.82	1 527	1 827	600.00	103.22
145	3 401	300.00	174.13	2 066	2 366	600.00	103.32
146	2 640	300.00	174.35	4 019	4 319	600.00	103.51
147	2 323	300.00	174.55	6 972	7 272	600.00	103.85
148	3 007	2 350.00	174.61	7 189	7 546	600.00	104.19
149	3 016	2 350.00	174.67	7 669	8 500	600.00	104.56
150	3 349	2 350.00	174.77	7 541	9 440	600.00	104.96
151	3 683	2 350.00	174.90	6 818	9 060	600.00	105.32
152	3 708	2 350.00	175.03	4 508	6 834	600.00	105.58
153	3 426	2 350.00	175.13	2 588	4 933	3 000.00	105.66
154	3 144	2 515.50	175.19	2 058	4 412	3 000.00	105.72
155	2 879	2 643.53	175.21	1 923	4 319	3 000.00	105.77
156	2 631	2 514.44	175.22	789	3 298	3000.00	105.78
157	2 383	2 538.42	175.20	283	2 857	3 000.00	105.78
158	2 172	2 236.65	175.20	412	2 944	3 000.00	105.78
159	2 002	1 677.01	175.23	541	2 985	3000.00	105.78
160	1 590	1 025.43	175.28	857	2 997	3 000.00	105.78
161	1 223	747.32	175.32	1 360	2 999	3 000.00	105.78
162	1 142	1 009.50	175.34	1 863	3 000	3 000.00	105.78
163	1 061	1 010.92	175.34	2 082	3 000	3 000.00	105.78
164	987	1 197.66	175.32	2 019	3 000	3 000.00	105.78
165	919	973.96	175.32	1 956	3 000	3 000.00	105.78
166	852	1 566.72	175.25	1 887	3 000	3 000.00	105.78
167	792	2 302.86	175.11	1 813	3 000	3 000.00	105.78
168	743	2 058.60	174.99	1 370	3 000	3 000.00	105.78
169	693	2 112.35	174.85	950	3 000	3 000.00	105.78
170	648	2 145.51	174.71	918	3 000	3 000.00	105.78
171	608	2 172.29	174.56	887	3 000	3 000.00	105.78
172	571	2 203.50	174.40	856	3 000	3 000.00	105.78

续表 4.1

时段	昭平台水库			昭—白区间		白龟山水库	
	入库流量 (m^3/s)	出库流量 (m^3/s)	水位 (m)	流量 (m^3/s)	入库流量(演进流量+区间流量)(m^3/s)	出库流量 (m^3/s)	水位 (m)
173	537	300.00	174.42	827	2 946	3 000.00	105.77
174	504	300.00	174.44	798	2 499	3 000.00	105.75
175	474	300.00	174.27	771	1 543	3 000.00	105.69
176	445	300.00	174.28	744	1 602	3 000.00	105.64
177	418	300.00	174.29	719	2 072	3 000.00	105.60
178	393	300.00	174.30	694	1 330	3 000.00	105.53
179	369	300.00	174.31	670	1 053	3 000.00	105.45
180	347	300.00	174.31	647	965	3 000.00	105.36
181	326	300.00	174.32	625	929	600.00	105.38
182	306	300.00	174.32	604	905	600.00	105.39

注:昭平台水库(177.60 m>库水位>174.44 m)时,若昭—白区间入库流量不超过 3 000 m^3/s,昭平台水库按白龟山水库最大入库流量不超过 3 000 m^3/s 对白龟山进行补偿调节。若昭—白区间入库流量超过 3 000 m^3/s,昭平台水库不敞泄,按照昭平台水库水位 174.44 m 对应的泄量 2 350 m^3/s 控泄。若昭平台水库库水位达到177.6 m(设计洪水位)时,不再进行补偿调节。

表 4.2　联合防洪补偿调度与常规调度对比

洪水组合	重现期(年)	频率(%)	常规调度结果				梯级水库联合防洪补偿调度结果			
			昭平台水库		白龟山水库		昭平台水库		白龟山水库	
			最高水位 (m)	最大泄量 (m^3/s)	最高水位 (m)	最大泄量 (m^3/s)	最高水位 (m)	最大泄量 (m^3/s)	最高水位 (m)	最大泄量 (m^3/s)
白龟山水库以上与昭—白区间同频率	20	5	174.51	2 381	105.19	600	174.51	2 095	105.10	600
	50	2	174.78	2 502	105.59	3 000	174.83	2 507	105.50	3 000
	100	1	175.31	2 692	106.07	6 150	175.34	2 643	105.78	3 000

4.2.3.2　**结果分析**(以 100 年一遇设计洪水,昭平台设计,昭—白区间相应为例)

4.2.3.2.1　调洪最高水位

经过联合调度,白龟山水库 100 年一遇设计洪水调洪最高水位为 105.78 m,比常规调度调洪最高水位 106.07 m 降低 0.29 m;昭平台水库 100 年一遇设计洪水调洪最高水位为 175.34 m,比常规调度调洪最高水位 175.31 m 高 0.03 m,比调洪最高约束水位 177.89 m 低 2.55 m,是可行的。

4.2.3.2.2　最大泄量

经过联合调度,昭平台水库的最大泄量为 2 643 m^3/s,比常规调度最大泄量 2 692 m^3/s 低 49 m^3/s,减少了 1.8%;白龟山水库的最大泄量为 3 000 m^3/s,比常规调度最大泄量 6 150 m^3/s 低 3 150 m^3/s,减少了 51%。

4.2.3.2.3　入库洪峰流量

白龟山水库入库洪峰流量由原设计调节计算结果 12 032 m^3/s 降为 9 059 m^3/s,减少了

2 973 m^3/s,约 25%。

从以上调算结果可以看出,联合防洪补偿调度较充分地利用了上游昭平台水库的防洪库容,为下游白龟山水库进行错峰和补偿调节,虽然上游昭平台水库的调洪最高水位有所升高(50 年一遇、100 年一遇),但是仍低于设计调洪最高水位,并且升高的量低于白龟山水库调洪最高水位降低的量;由于考虑了梯级水库的补偿作用,昭平台水库的最大下泄流量也有所下降。

另外,当白龟山水库以上与昭—白区间同频率遭遇 100 年一遇洪水时,经过联调,白龟山水库下泄流量由 6 150 m^3/s 降为 3 000 m^3/s,减幅达 51%,有效地保证了下游防洪安全。

由以上的分析比较可以看出,进行联合防洪调度优于常规调度方式。

4.2.3.2.4 联合防洪调度潜力分析

按照指定的临时联调规则的调算,20 年一遇洪水昭平台水库调洪最高水位 174.51 m,与常规调度调洪最高水位相同,但最大泄量为 2 095 m^3/s,比常规减小 12%;同时,白龟山水库调洪最高水位 105.10 m,较常规调度少动用防洪库容 750 万 m^3。50 年一遇洪水昭平台水库调洪最高水位 174.83 m,与常规调度调洪最高水位、最大泄量基本持平;同时,白龟山水库调洪最高水位 105.50 m,较常规调度少动用防洪库容 783 万 m^3。100 年一遇洪水昭平台水库调洪最高水位 175.34 m,与常规调度调洪最高水位基本持平,但最大泄量为 2 643 m^3/s,比常规减小 1.8%;同时,白龟山水库调洪最高水位 105.78 m,较常规调度少动用防洪库容 2 629 万 m^3,最大泄量 3 000 m^3,比常规调度最大泄量 6 150 m^3/s 低 3 150 m^3/s,减少了 51%。由于上游昭平台水库对下游水库进行补偿调节,调洪最高水位较常规调度有所升高,但还在最高约束水位范围内。

由以上分析可见,进行水库联合防洪调度优于常规调度,可以在保证上下游水库安全的前提下,较小地动用水库的防洪库容,降低调洪最高水位和最大下泄流量,具有较大的防洪潜力。

4.2.4 需进一步研究的问题

(1)进行联合防洪调度,在面对设计标准内洪水时,可使水库最大限度地为下游削峰或补偿,减轻下游的防洪压力,从而提高水库的防洪效益。虽然联调可以优于原调度规划设计进行水库调度,但对于梯级水库来说,如何采用优化方法对水库联合防洪进行优化调度,最大限度地发挥防洪效益,将是下一步需要研究解决的问题。

(2)结合优化调度的结果。根据水库调度的实际,制定一套切实可行的梯级水库联合优化调度规则,指导水库调度。

4.2.5 昭－白梯级水库联合防洪优化调度数学模型

水库联合防洪调度是一个多目标问题。对于此类问题,引入适合的数学模型,采取有效的求解方法,是指导水库做出正确的防洪调度决策,使水库间相互协调、相互补偿,提高防洪的经济效益的关键。

4.2.5.1 目标函数的确定

根据梯级水库防洪调度系统(见图 4.3)的特点与经验,一般考虑这样 3 个目标:

(1)水库在调节一次洪水过程中,最高水位越低越好,此目标等价于占用的防洪库容越

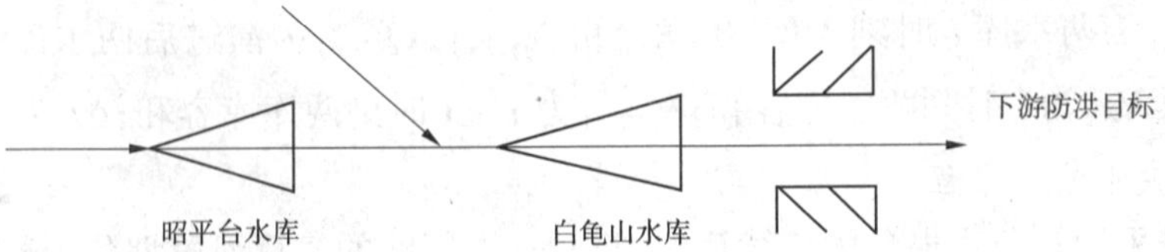

图 4.3　昭－白梯级水库防洪调度系统示意

少越好；

(2)水库调洪末水位越接近理想水位越好，此目标考虑了两次洪水的衔接与水库在汛末兴利蓄水的要求，此目标也等价于调洪末库容越接近理想库容越好；

(3)在调节一次洪水过程中，水库最大下泄流量(或控制点的组合流量)越小越好，对发电为主的水库还要考虑在调节一次洪水过程中发电量越多越好。

昭－白梯级水库除了工程本身的防洪要求外，还有下游城市和铁路的防洪要求。上游昭平台水库入库洪水过程已知，昭—白区间洪水过程也已知，在满足下游城市防洪要求的前提下，本章以两库联合调蓄设计洪水所需的调洪库容极小为优化准则，寻求洪水在梯级水库的最佳时间和空间分配，即制订两库最优防洪调度方案。

设以 1 h 为单位时段，将洪水过程划分为 T 个时段($t=1,2,\cdots,T$)。

$V_{1,t+1}$和 $V_{2,t+1}$分别为两库的第 t 时段末蓄水量(库容)。建立数学模型如下。

目标函数：梯级水库动用的总调洪库容最小

$$\min\{Vf_2, Vf_3, \cdots, Vf_{t+1}\} \tag{4.7}$$

$$Vf_{it} = V_{it} - V_{i1} \tag{4.8}$$

$$Vf_t = \alpha_1 Vf_{1t} + \alpha_2 Vf_{2t} \tag{4.9}$$

式中：Vf_t 为两个水库在 t 时刻的总调洪库容；Vf_{it}为水库 i 在 t 时刻的调洪库容；V_{it}为水库总库容；V_{i1}为水库起调水位对应的库容；α_1、α_2 分别为分配系数(权系数)。

在同一流域中，各水库在防洪系统中的功效并不一定相同，防洪权重的大小取决于各库所处的局部流域的净雨强度 N_i、流域面积 F_i、水库的调洪库容 V_i^* 及产、汇流等地貌河道特性，并随净雨量的变化而变化，故本文在研究过程中引入权重 α_i，表示第 i 个水库的决策权重数，表示为

$$\sigma_i = (F_i N_i)/V_i^* \quad (\sigma = \sum_{i=1}^{n} \sigma_i) \tag{4.10}$$

再用下式对式(4.10)作归一化处理：

$$\alpha_i = \sigma_i/\sigma \tag{4.11}$$

显然，各 α_i 应该满足：$\sum_{i=1}^{n} \alpha_i = 1$ 。

α_i 取值一般与其控制的流域面积 F_i 成正比，或与防洪库容成正比。

4.2.5.2　约束集合

4.2.5.2.1　两库水量平衡方程

$$\frac{Q_{i,t} + Q_{i,t+1}}{2}\Delta t - \frac{q_{i,t} + q_{i,t+1}}{2}\Delta t = V_{i,t+1} - V_{i,t} \tag{4.12}$$

式中：$q_{i,t}$，$Q_{i,t}$为两水库 t 时刻入库、出库流量；$q_{i,t+1}$，$Q_{i,t+1}$为演进后两水库 $t+1$ 时段入库、出库流量；$V_{i,t}$为 t 时刻两库库容和；$V_{i,t+1}$为 $t+1$ 时刻两库库容和；Δt 为时段长。

4.2.5.2.2　洪水演进方程

洪水演进采用马斯京根分段连续算法，将昭—白区间的演算河段划分为若干(本章取为两河段)单元演算河段，假设各水库相应的各河段洪水演进系数相同，将上游昭平台水库的下泄流量过程演算至白龟山水库，加上昭—白区间入流作为白龟山水库的入库洪水量。即

$$Q_{1t} = \sum_{j=1}^{m} q_{2,t+1-j} P_j + Q_{区} \tag{4.13}$$

式中：$Q_{区}$ 为区间洪水过程；P_j 为河道汇流系数（已知）；m 为演算时段数(已知)。本章的 $k=1, x=0.3$。

4.2.5.2.3　防洪库容限制

$$V_{i,t+1} \leqslant VM_i \tag{4.14}$$

式中：VM_i 为发生不同频率洪水时的最大允许蓄水量。

4.2.5.2.4　最高水位约束

$$Z_{it} \leqslant Z_{i\max} \tag{4.15}$$

式中：Z_{it}为 t 时刻水库 i 的调洪最高水位；$Z_{i\max}$为水库 i 的允许最高水位。

4.2.5.2.5　泄洪设施泄量约束

考虑泄洪设施的最大泄洪能力和下游控制点的安全泄量。

$$q_{i,t+1} \leqslant q_i^*(Z,B) \tag{4.16}$$

$$q_{i,t+1} \leqslant q_{安} \tag{4.17}$$

式中：$q_{安}$ 为下游防洪控制点安全泄量；Z 为相应水库的库水位；B 为溢洪道开启宽度。

4.2.5.2.6　水库调度规则约束

水库有各自的调度原则，在一定标准来水的情况下，泄流量不能超过调度规则允许的最大泄流量 $q_{\max}$。

4.2.6　模型求解

4.2.6.1　模型的基本求解方法

由于模型中涉及多个目标，若直接用多目标动态规划法求解，则状态变量太多，所需内存量和计算量大。本章研究综合将部分目标转化为决策约束和运行规则，只保留一个主要目标，从而将一个多目标问题化为单目标问题。以梯级水库动用的总调洪库容最小为目标函数，两库水量平衡方程、洪水演进方程、防洪库容限制、泄洪设施的泄洪能力约束、下游防洪要求、流量变动幅度限制等条件为约束，用增量动态规划方法进行寻优计算。考虑到计算速度和计算稳定性的要求，在优化计算时，先对约束条件进行判断，给出初始可行轨迹，然后进行求解。

本章以常规调度、预报调度的成果作为初始轨迹，把初始轨迹在约束条件的范围内改变，然后进行增量动态规划递推演算，计算出水库群运行的最优决策。

4.2.6.2 **阶段变量、状态变量、决策变量**

在防洪调度中,将一次洪水的整个过程离散为 T 个时段,可以以小时或更短时间划分,这取决于水文预报的时间间隔或实际防洪调度计算精度的需要确定,本章以洪水过程中每一时段作为动态规划的阶段变量,用 $t=1,2,\cdots,T$ 表示,令各时段初编号与时段序号一致,时段末编号则为 $t+1$;以时段各水库蓄水量为状态变量,记为 $V_{it}(i=1,2)$;以时段各水库泄洪水量为决策变量,记作 Q(取时段平均流量)。

为便于计算,对水库进行编号:1 为白龟山水库,2 为昭平台水库。

4.2.6.2.1 计算时段的确定

本文取 1 h 为一个时段,整个洪水过程可分为 180 个时段,令 i 代表阶段变量。即 $i=1,2,\cdots,180$。时刻 $t_i \sim t_{i+1}$ 为面临时段 i,时刻 $t_{i+1} \sim t_{x+1}$ 为余留时段,时刻 $t_1 \sim t_i$ 为过去时段。

4.2.6.2.2 状态变量

取水库不同时段的蓄水量为状态变量。任一时段 i 初、末的状态变量,分别以 V_i 和 V_{i+1} 表示,V_{i+1} 是第 $i+1$ 时段的初始状态。

4.2.6.2.3 决策变量

在任一面临时段 i,时段初的 V_i 为在某值条件下选择的泄水量 $q_i(V_i)$,定义为第 i 时段的决策变量,简记为 q_i。

4.2.6.2.4 状态转移方程

调洪演算基本方程(水库水量平衡方程)和龙格－库塔数值解法的调洪函数方程。调洪计算方法如下所述。

当时段内的泄流量为常量时,使用简单的水量平衡法(见式(4.12))进行调洪;当泄流量随水位的变化而变化时,使用龙格－库塔数值解法(见式(3.24)或式(3.25))求解。

$$\frac{Q_{i,t}+Q_{i,t+1}}{2}\Delta t-\frac{q_{i,t}+q_{i,t+1}}{2}\Delta t=V_{i,t+1}-V_{i,t} \tag{4.18}$$

式中:$q_{i,t}$,$Q_{i,t}$ 为在 t 时刻,两水库总出、入流量,m^3/s;$Q_{i,t+1}$,$Q_{i,t+1}$ 为上游泄流进后,在 $t+1$时刻两水库出、入库流量,m^3/s;$V_{i,t+1}$为在 $t+1$ 时刻,两水库出库容;$V_{i,t}$ 为在t 时刻,两水库总库容;Δt 为时段长。

4.2.6.3 **模型求解**

在模型求解中,依据制定的梯级水库联合调度规则对这两个水库进行优化,改变其运行方式,从而找到梯级水库调度方案的最优解。模型的具体求解步骤如下。

4.2.6.3.1 确定初始可行解

将水库的常规调度线作为水库增量动态规划的初始调度线。各水库以常规调度方式结果为初始可行解,即:$V_{i,t}^{k}(t=1,2,\cdots,T)$,置 $k=0$,k 为逐次寻优次数。

4.2.6.3.2 库容的离散

具体计算时,将整个调度期以时段长划分为 n 个阶段。同时,分别将两水库按精度要求和计算机内存大小统一考虑,从汛限水位到校核水位的防洪库容 V 分为 m 等份(按每份 $2\times10^6\ m^3$ 划分状态),进行离散化,记作 V_1、V_2、V_3、…、V_{t+1}。如此,计算期与防洪库容共同组成的策略平面被划分成若干网格点,求解时依据各网格点的相应取值按时段进行顺推，然后每一阶段的计算按一定的分配系数分给这两个水库，依次进行求解，求出最优策略，具体参数见表4.3。

表4.3　水库状态划分的具体参数

总调洪库容 ($\times 10^6\ m^3$)	状态数	分配系数	
		昭平台水库	白龟山水库
1 177.29	589	0.421	0.579

白龟山水库起调水位102.00 m，昭平台水库起调水位167.00 m。

由于对一次洪水需经多少时段才能完全安全泄完事先不知道，而洪水起涨时水库的状态总是已知的，故本节采用顺序递推方法，以每个 Δt 作为一个阶段。

1)昭－白梯级水库联合调度入库洪水设计组合

根据《沙河昭平台水库、白龟山水库加固设计水文复核报告》(简称《1979年报告》)，选用1955年8月14～28日典型洪水过程，此过程为连续洪水所组成，洪水比较集中，主峰为两次，后峰略大，代表对水库比较不利的情况。《1979年报告》之后的大洪水有2000年洪水，2000年洪水过程线与1957年洪水过程线相似，洪峰分别出现在6月25日、7月4日、7月6日；前峰与中间洪峰相隔9日；后面两个洪峰间隔虽短，但是昭平台水库与昭—白区间不同步，昭平台先小后大，昭—白区间则先大后小。对梯级水库而言，该过程线是不安全的。经过分析对比，仍选用1955年典型作为过渡段典型过程线。

设计洪水过程线包括4种重现期：$N=20$、50、100、2 000年，采用同频率放大法放大过程线。

设计洪水地区组成，仍采用《1979年报告》各水库设计洪水，原则上以本水库入库洪水为设计条件。对昭－白梯级水库来讲，考虑如下两种洪水的地区组合：一种是昭平台设计、昭—白区间相应；另一种是昭—白区间设计、昭平台以上相应。

2)初始调度线即初始状态序列

本章将常规调度成果作为初始调度线。

3)计算方法

本章采用增量动态规划方法求解。具体计算时，将整个调度期以时段长划分为 n 个阶段。同时，将两库从汛限水位到校核水位间的防洪库容分为 m 等份。如此，计算期与防洪库容共同组成的策略平面被划分成若干网格点。求解时，依据各个网格点的相应取值按时段采用考虑后效性的增量动态规划方法进行顺推，从而求出最优泄水策略。

理论上，昭平台水库、白龟山水库两库联合防洪调度的合理方案，应该为昭平台与昭—白区间进行错峰，进行补偿调节，以至不造成白龟山水库的人为洪水；另一方面，昭平台应尽可能拦蓄洪尾抬高水位多蓄水，在大洪水到来之前尽量预泄，在大洪水到来时有足够的防洪库容为下游分担上游洪水。下游的白龟山水库应与沙河洪峰错峰补偿。基于以上分析，我们可以通过增量动态规划法求出水库的最优的泄流过程，但是在实际运行中，水库泄洪闸门的启闭不可能做到频繁调节流量以满足理论上的最优泄量的要求，是较难执行的。因此，需要在水库最优泄流过程的参照下，结合水库调度的实际，寻求最优的闸门控制方式。

4)算法流程图

梯级水库联合防洪调度优化计算流程如图4.4所示。

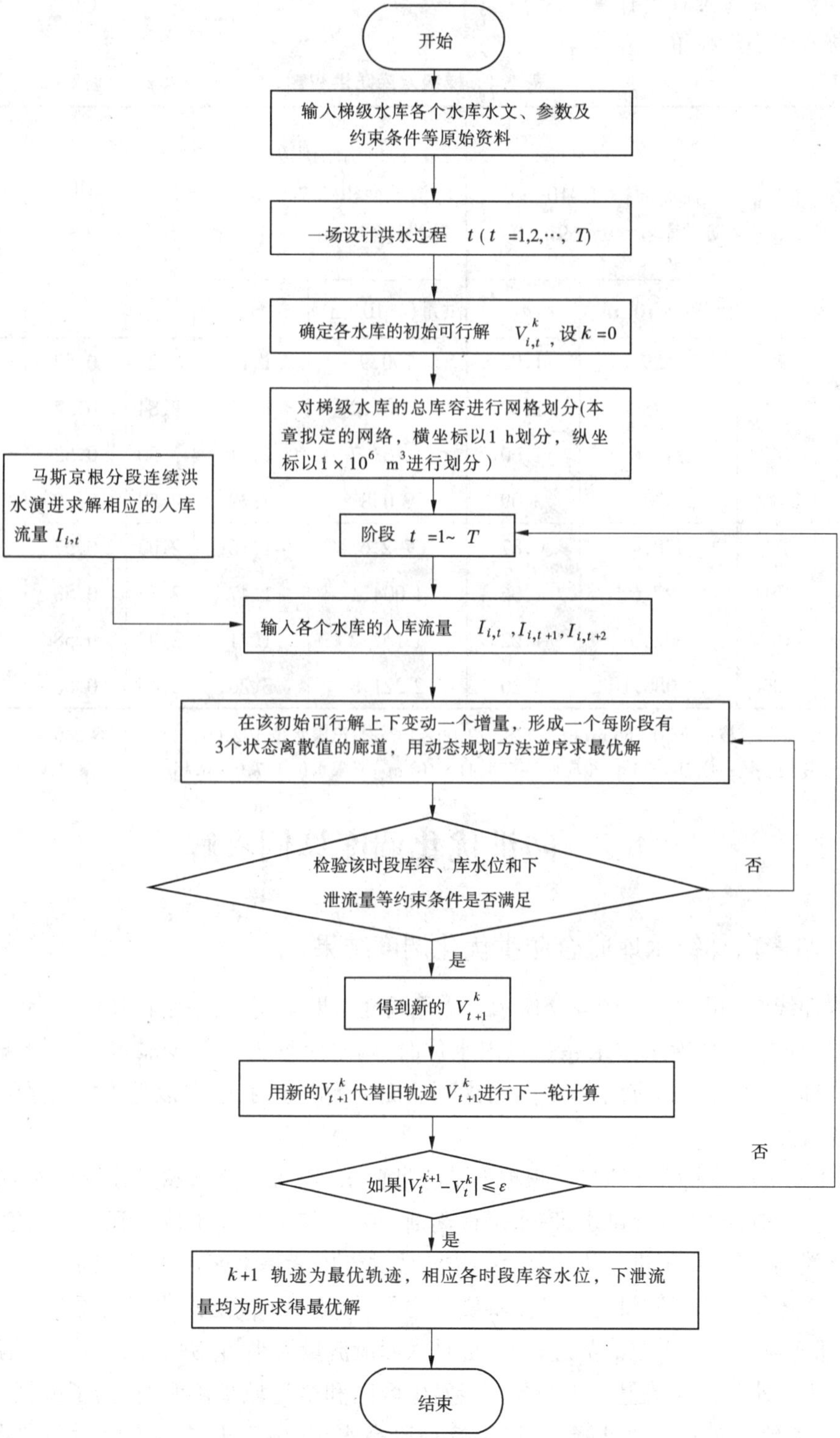

图 4.4　梯级水库联合防洪调度优化计算流程

5)梯级水库防洪权重计算

梯级水库防洪权重见表4.4。

表4.4　梯级水库防洪权重

洪水地区组成	重现期(年)	昭平台水库 流域面积:1 310 km^2 防洪库容:495.69×10^6 m^3		白龟山水库以上 流域面积:2 740 km^2 防洪库容:681.6×10^6 m^3		σ	白龟山水库 α_1	昭平台水库 α_2
		洪量(×10^6 m^3)	σ_1	洪量(×10^6 m^3)	σ_1			
白龟山水库以上与昭平台水库同频率	20	529	1.07	790.9	1.16	2.23	0.52	0.48
	50	678	1.37	1 001.2	1.47	2.84	0.52	0.48
	100	791.6	1.60	1 163.7	1.71	3.30	0.52	0.48
	2 000	1 530.7	3.09	3 058	4.49	7.58	0.59	0.41
白龟山水库以上与昭—白区间同频率	20	430.4	0.87	792.6	1.16	2.03	0.57	0.43
	50	527.6	1.06	1 004.1	1.47	2.54	0.58	0.42
	100	602.6	1.22	1 167.2	1.71	2.93	0.58	0.42
	2 000	1 088.1	2.20	2 221.8	3.26	5.45	0.60	0.40

注:白龟山水库的校核水位109.56 m,相应库容922.00×10^6 m^3;汛限水位102.00 m,相应库容240.40×10^6 m^3。昭平台水库的校核水位180.70 m,相应库容674.41×10^6 m^3;汛限水位167.00 m,相应库容178.72×10^6 m^3。

4.3　防洪优化调度算例求解

4.3.1　昭-白梯级水库联合防洪优化调度结果

成果曲线图如图4.5～图4.7所示。优化调度结果见表4.5、表4.6。

(1)在涨洪初期,库水位未超过汛限水位时,两水库均为来多少泄多少,不考虑优化计算,以保持防洪库容。如有洪水预报,考虑到后面有大洪水时,也可以适当加大泄量预泄,腾空部分库容。

(2)第二阶段控制水库泄量。根据下游防洪要求,当入库洪水超过控制值时,水库按控制泄量泄洪,水库拦蓄部分洪水,库水位将逐渐上升。如果水库水位达到一定限值,需要水库进行敞泄的时候,则不进行优化计算。本阶段关键因素是水库控泄流量的大小,它体现了蓄水与放水矛盾或库区防洪与下游防洪要求的矛盾,是一个高层次协调问题。

(3)第三阶段水库水位消落过程,关键是水库泄流量大小,它决定了水库水位消落速度,其中尤以上游水库出库流量大小为要。当发生区间和全流域型洪水时,为了减轻下游水库防洪压力,上游水库在拦截洪峰后,将保持一段高水位,由于上游水库将拦蓄的洪峰水量“憋”在库中,与区间洪水错峰,有效地减少了下游水库入库洪峰,充分体现了两库联合调洪作用。

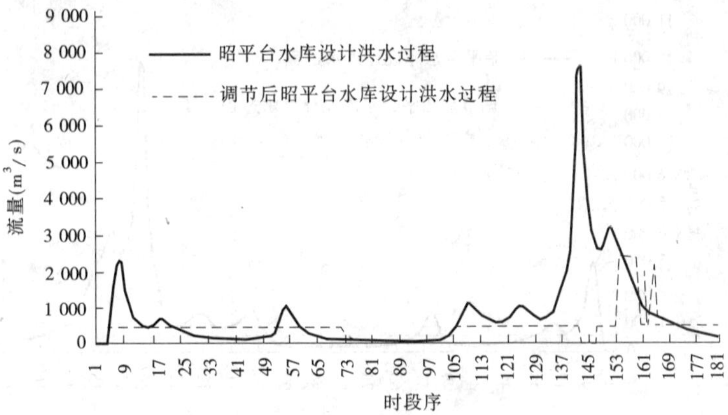

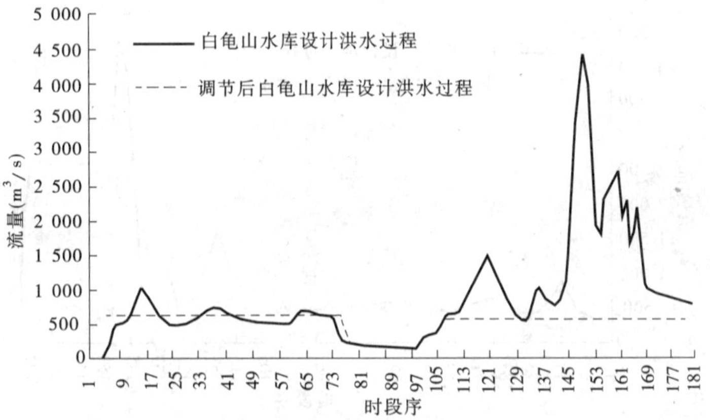

图 4.5　20 年一遇洪水联合防洪补偿优化调度结果
（白龟山水库以上与昭平台水库同频率）

表 4.5　联合防洪补偿优化调度与常规调度最高水位及最大泄量的对比

项目	重现期(年)	频率(%)	常规调度结果				梯级水库联合防洪补偿优化调度			
			昭平台水库		白龟山水库		昭平台水库		白龟山水库	
			最高水位(m)	最大泄量(m^3/s)	最高水位(m)	最大泄量(m^3/s)	最高水位(m)	最大泄量(m^3/s)	最高水位(m)	最大泄量(m^3/s)
白龟山水库以上与昭平台水库同频率	20	5	174.8	2 510	105.38	600	174.56	2 405	105.15	600
	50	2	176.36	3 071	105.88	3 000	176.35	3 059	105.41	3 000
	100	1	177.82	3 548	105.92	6 071	178.24	3 682	105.92	6 066
白龟山水库以上与昭—白区间同频率	20	5	174.51	2 381	105.19	600	174.08	603	105.31	600
	50	2	174.78	2 502	105.59	3 000	174.68	2 459	105.48	3 000
	100	1	175.31	2 692	106.07	6 150	175.43	2 974.6	105.95	6 079

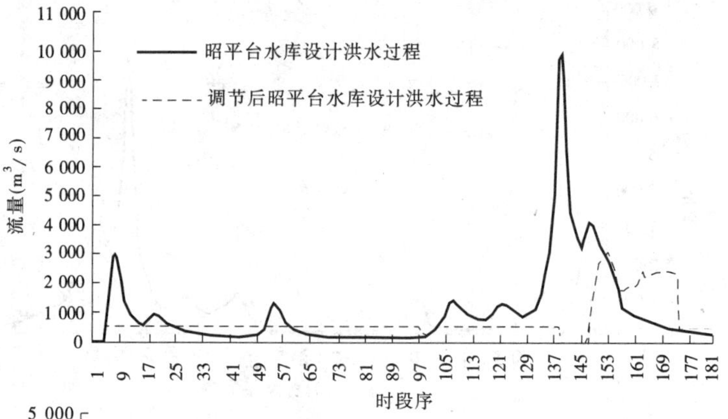

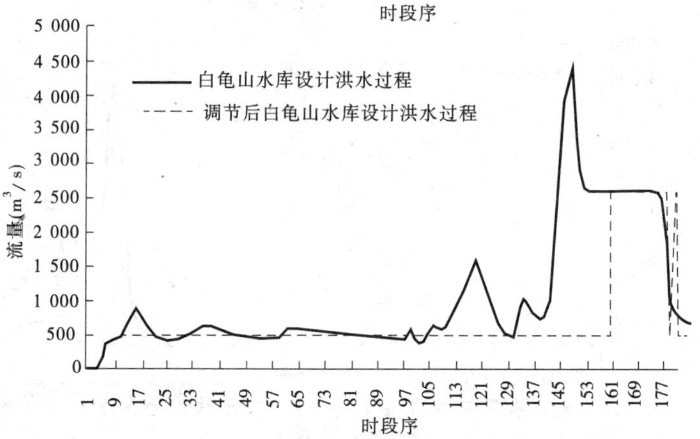

图 4.6　50 年一遇洪水联合防洪补偿优化调度结果
（白龟山水库以上与昭平台水库同频率）

表 4.6　联合防洪补偿优化调度与常规调度最大调洪库容对比

项目	重现期（年）	频率（%）	常规调度结果			梯级水库联合防洪补偿优化调度			目标函数减小比例
			昭平台水库最大调洪库容（$\times10^4m^3$）	白龟山水库最大调洪库容（$\times10^4m^3$）	动用防洪库容总计（$\times10^4m^3$）	昭平台水库最大调洪库容（$\times10^4m^3$）	白龟山水库最大调洪库容（$\times10^4m^3$）	动用防洪库容总计（$\times10^4m^3$）	
白龟山水库以上与昭平台水库同频率	20	5	15 144.69	7 346.87	22 491.56	11 129.54	7 640.83	18 770.37	17%
	50	2	21 085.37	9 730.33	30 815.7	15 669.22	9 565.39	25 234.61	18%
	100	1	26 163.83	8 731.77	34 895.6	21 106.6	11 721.06	32 827.66	6%
白龟山水库以上与昭—白区间同频率	20	5	11 263.99	7 603.3	18 867.29	9 163.28	8 986	18 149.28	4%
	50	2	13 913.77	9 658.48	23 572.25	10 998.2	12 207.1	23 205.3	2%
	100	1	16 393.63	10 314.56	26 708.19	12 504.86	13 712.8	26 217.66	2%

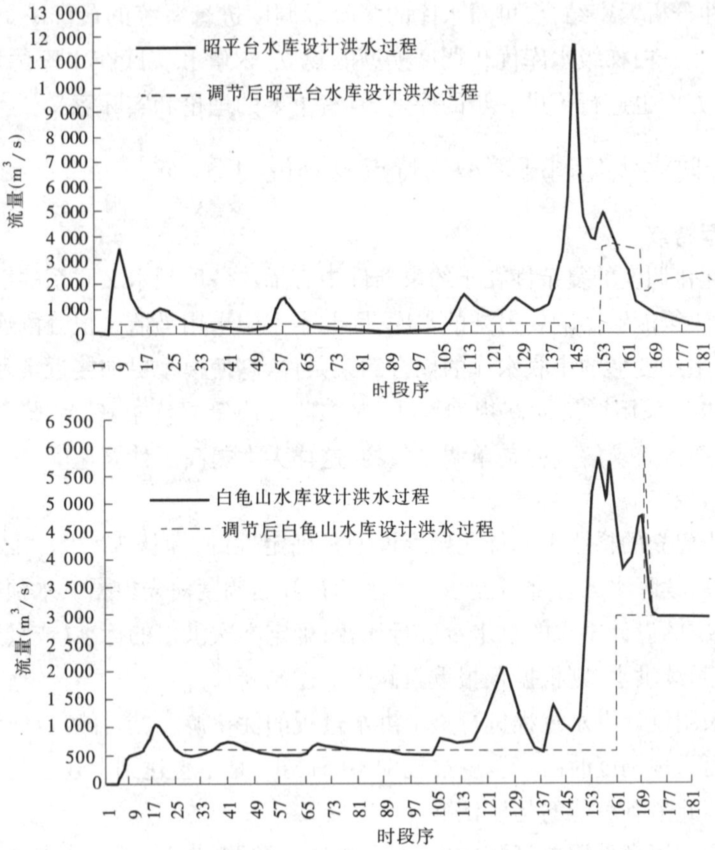

图 4.7　100 年一遇洪水联合防洪补偿优化调度结果

（白龟山水库以上与昭平台水库同频率）

4.3.2　结果分析

4.3.2.1　目标函数值(以 20 年一遇洪水,白龟山水库以上与昭平台水库同频率为例)

常规调度梯级水库动用的最大调洪库容为 $22\ 491.56\times10^6$ m^3,联合优化调度动用优化调度水库群动用的最大调洪库容为 $18\ 770.37\times10^6$ m^3,比常规调度动用最大调洪库容少 $3\ 721.19\times10^6$ m^3,明显优于常规调度方式。

4.3.2.2　最高水位

昭平台水库常规调度的调洪最高洪水位为 174.8 m,优化调度的最高洪水位为 174.56 m,优化调度比常规调度方案最高洪水位低 0.24 m;白龟山水库常规调度的调洪最高洪水位为 105.38 m,优化调度的最高洪水位为 105.15 m,优化调度比常规调度方案最高洪水位低 0.23 m 。通过梯级水库群的联合防洪优化调度计算,白龟山水库入库洪峰流量由原设计调节计算结果 4 856 m^3/s 降为 4 424 m^3/s,减少了 432 m^3/s,约 9%。

由以上的分析比较可以看出,进行梯级水库联合防洪补偿优化调度的结果明显优于常规调度方式。

通过建立梯级水库优化调度模型,用增量动态规划递推方法求解出水库整体最优调度策略,并与定性分析紧密结合,可对水库的多阶段调度进行系统的最优决策控制,实现水库的优化利用。昭-白梯级水库优化调度模型的建立、求解和实践在水库优化调度的定量建模和方法应用方面也进行了进一步的探索,具有重要的理论和实际意义。

4.3.3 联合防洪优化调度模型的特点及其说明

4.3.3.1 模型特点

(1)库群优化调度的复杂性在于约束条件中有描述各库间水文联系的耦合约束条件,它使一个水库的决策能够影响到另外的水库,因此本书中采用马斯京根分段连续洪水演进法,建立了考虑洪水波变形的串联水库的耦合约束条件,它使模型更加接近实际、更加准确。

(2)模型求解采用增量动态规划算法,对多阶段决策寻优求解,克服了优化调度中"维数"高的缺点,并且其求解过程是单调收敛的,这样大大提高了计算速度。

4.3.3.2 模型说明

(1)本书所建立的梯级水库优化调度模型是确定性的,即认为水库和区间入流为已知,并且没有考虑后续降水的各种可能性。各水库在开始调度前先根据洪水预报的总水量与水库各种防洪标准的设计洪水的总水量进行比较,确定本次洪水的标准(或级别),如果以后的时段里出现了后续洪水,则根据预报重新修正上述判断。

(2)计算采用设计洪水过程进行整个洪水过程的优化调度,这样可以使计算结果明显优于常规调度,而常规调度时由于调度过程中不断修正,是不会达到上述全周期优化调度的最理想结果的,因此最有可能的是较优解。

(3)优化调度模型采用单目标优化,即在保证下游防洪目标安全的前提下,梯级水库动用的防洪库容最小。如果能在模型中考虑多目标,既能考虑下游防洪要求,又能考虑上、下游水库自身特点来调蓄洪水,这将会使防洪调度的成果更加合理、可靠。

4.4 昭-白梯级水库联合防洪优化调度规则研究

4.4.1 昭-白梯级水库联合调度方式

基于梯级水库上、下游防洪标准及要求和泄洪设施的控制能力,确定以白龟山水库为"有下游防洪任务、分级有闸控制"和昭平台水库为"有下游防洪任务、分级有闸控制、以库水位和区间补偿规则为判别条件"的梯级水库联合防洪调度方式。

4.4.2 昭-白梯级水库联合防洪调度规则

4.4.2.1 昭-白梯级水库联合防洪调度规则的确定步骤

如图4.8所示,为确定防洪预报调度规则的步骤,通常假定某种调洪规则,以选定的防洪限制水位作为起调水位,调节计算符合设计洪水标准要求的水库校核、设计标准洪水及下游防洪标准洪水,使调洪结果既满足泄洪设备的泄流能力约束,接近优化调度结果,又要保证大坝及下游防洪安全,最终确定联合防洪调度规则。

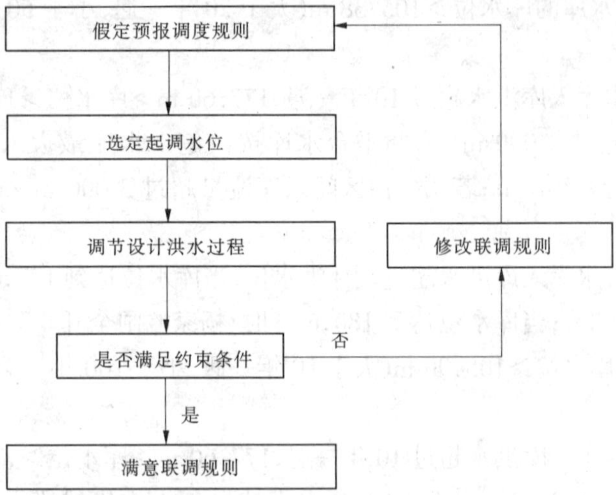

图 4.8　昭－白梯级水库防洪预报调度规则的确定步骤图

4.4.2.2　昭－白梯级水库联合防洪调度规则

采用上游昭平台水库以不超过白龟山下游河道安全泄量 3 000 m^3/s 的要求给白龟山水库进行补偿调节，然后再经白龟山水库的二次调节后进入下游河道，既保证了下游水库安全，又满足了下游河道防洪要求。

昭－白梯级水库的联合防洪控制运用规则：

昭平台水库防洪起调水位 167.0 m，汛后正常蓄水位 169.0 m，允许最高洪水位 181.0 m。

白龟山水库防洪起调水位 102.0 m，汛后正常蓄水位 103.0 m，校核洪水位 109.56 m。

两水库采用库水位作为判断洪水量级的标准。天然洪水划分为 4 级：第 1 级为小于等于20 年一遇；第 2 级为大于 20 年一遇，小于等于 50 年一遇；第 3 级为大于 50 年一遇，小于等于 100 年一遇；第 4 级为超过 100 年一遇。

(1)当白龟山水库的库水位＜105.38 m(小于 20 年一遇标准)时，白龟山水库控泄、控泄流量 6 000 m^3/s。

①当昭平台入库洪水小于等于 10 年一遇(即库水位≤174.44 m)时，昭平台水库控泄 300 m^3/s。

当白龟山入库洪水≤600 m^3/s，来多少泄多少；当入库洪水＞600 m^3/s，控泄 600 m^3/s；库水位不低于 102.00 m。

②当昭平台水库入库洪水超过 10 年一遇(即 177.60 m＞库水位＞174.44 m)时，若昭一白区间入库流量不超过 3 000 m^3/s，则昭平台水库按白龟山水库最大入库流量不超过 3 000 m^3/s对白龟山水库进行补偿调节；若昭一白区间入库流量超过 3 000 m^3/s，则昭平台水库不敞泄，控泄 2 200 m^3/s。当昭平台水库库水位达到 177.6 m 时，尧沟泄洪闸全开，不再进行补偿调节。

③当昭平台水库入库洪水超过设计洪水位，库水位达到 177.6 m 时，尧沟泄洪闸全开；当库水位达到 180.6 m 时，杨家岭闸全开。

(2)当白龟山水库的库水位>105.38 m(大于20年一遇,小于50年一遇)时,白龟山水库控泄3 000 m^3/s。

①当昭平台水库入库洪水超过10年一遇、177.60 m>库水位>174.44 m时,若昭—白区间入库流量不超过3 000 m^3/s,昭平台水库按白龟山水库最大入库流量不超过3 000 m^3/s对白龟山进行补偿调节;若昭—白区间入库流量超过3 000 m^3/s,昭平台水库不敞泄,控泄2 200 m^3/s。

②如果昭平台水库入库洪水超过设计洪水位,当库水位达到177.6 m时,尧沟泄洪闸全开,不再进行补偿调节;当库水位达到180.6 m时,杨家岭闸全开。

(3)当白龟山库水位>105.90 m(大于50年一遇,小于100年一遇)时,白龟山水库泄洪闸全开。

①当昭平台水库入库洪水超过10年一遇,177.60 m>库水位>174.44 m时,若昭—白区间入库流量不超过3 000 m^3/s,昭平台水库按白龟山水库最大入库流量不超过3 000 m^3/s对白龟山进行补偿调节。若昭—白区间入库流量超过3 000 m^3/s,昭平台水库控泄2 200 m^3/s。

②如果昭平台水库入库洪水超过设计洪水位,当库水位达到177.6 m时,尧沟泄洪闸全开;当库水位达到180.6 m时,杨家岭闸全开;白龟山库入库洪水若大于100年一遇(库水位>106.19 m)时,白龟山水库泄洪闸全开,同时北干渠泄洪200 m^3/s,此时昭平台水库原则上不再考虑补偿调节。

注:当昭平台水库库水位超过10年一遇(177.60 m>库水位>174.44 m)时,昭平台水库并不敞泄,而采用补偿调度方式对下游水库进行补偿调节;当库水位超过设计洪水位177.60 m时,才进行敞泄。在实际操作中,考虑到下游白龟山水库的安全,昭平台水库在敞泄后的退水段也进行了控制,即当库水位低于174.44 m时,控泄300 m^3/s,而不是一直敞泄。

4.5 结　论

4.5.1 梯级水库联合防洪优化调度研究的结论

4.5.1.1 拦洪削峰,实现了减灾目标

实施梯级水库联合防洪调度,将减灾、拦洪问题放在一起解决,充分利用时间差错峰、削洪。面对来势凶猛的洪水,在上游,让昭平台水库尽量拦蓄上游洪水;下游白龟山水库预泄洪水进入沙河干流,避免与下游沙河支流几股洪水汇合叠加后造成下游灾情发生。同时还对昭平台水库、白龟山水库进行了洪水的资源化利用,治理了水患,达到了减灾增效。

目前,建起的"数字化"的水雨情自动测报和洪水调度系统,可以把从降雨预报、洪水预报、洪水演进到进行防洪工程调度和制订防汛预案在计算机上反映出来。这不但可及时掌握"海量"信息、滚动分析气象、水雨情,还可以对洪水进行调算,用计算机生成调度方案,进行科学蓄泄水,这些也对以后梯级水库联合防洪实时调度的研究提供了可靠的保障。

4.5.1.2 实现了洪水的资源化利用

保证防洪安全的前提下,尽量兼顾水库蓄水,进行了昭－白梯级水库联合防洪调度,适当减小上游水库的泄量,尽量把水多蓄在上游水库,为当年秋季和来年春季平顶山市工农业及生活用水储备了充足的水源,同时达到减小下游河道流量,减轻防洪压力的目的。

4.5.1.3 为梯级水库防洪实时优化调度研究奠定了基础

目前,我们是利用水库设计洪水过程,通过模型软件计算,可求出防洪调度的最优决策过程。但是,这个最优解是在确定性洪水过程,和给定简单洪水预见期的系统输入条件下给出的,其决策过程只对这场特定的洪水有指导意义。如果能结合目前的产、汇流模型作出的洪水预报结果,调用优化调度模型对预报洪水过程求解,以此指导水库调洪预报调度决策,则更加切合水库运行的实际;随着过程的演进,可以接收到新的降雨量信息,又可以根据新信息开展洪水预报作业,给出新的洪水过程预报,用优化调度模型寻求其相应的更新决策过程,循此渐进,直至该场洪水的降雨过程结束,从而完成一场洪水过程逐次渐进的梯级水库的实时调度。此次梯级水库联合防洪优化调度的研究为以后实时优化调度的开展打下了基础,具有一定的理论和现实意义。

4.5.1.4 为沙颍河水系水库联合防洪多目标调度积累了经验

洪水调度中不同水库、不同阶段始终存在着主、次多个目标。本次研究通过两库的调度,保证了两座大型水库的大坝安全和下游河道防洪安全,最大限度地降低白龟山水库调洪最高水位,尽量减少下游洪灾损失,实现了梯级水库的最优化调度。昭平台水库、白龟山水库两库是淮河流域沙颍河水系沙河干流上的大型水库,对下游的防洪安全起着举足轻重的作用,它们之间联合调度研究的实现,必将为以后沙颍河水系水库联合防洪多目标调度积累了经验。

4.5.2 昭－白梯级水库联合防洪优化调度的建议

(1)水库在防洪时,既要兼顾上下游的要求,又要拦蓄部分洪水以转化为可利用的水资源供非汛期使用。为获得防洪与兴利相结合的最大效益,这就要联合水库、水文、气象等部门制订出合理的水库工程控制运用方案、河道防洪方案,形成一个河库联合调度体系。在方案实施时还要确保能获得及时、准确的气象、水文情报,为调度决策提供可靠依据。

(2)本章的研究实际上只局限于水库的防洪目标,对于综合利用水库必须兼顾到其他兴利目标,特别是对于一般年份的常遇洪水,更必须适当强调兴利的目标。为了兼顾常遇洪水及综合利用要求,必须重视改进洪水预报(包括水文气象预报),并在对洪水量级有较可靠估计的基础上,开展多目标决策的防洪调度研究。

(3)加固堤防,整治河道,提高下游防洪能力。河道是宣泄洪水的通道,提高河道泄洪能力是防洪的基本措施。为扩大河道泄洪能力,应采取加高培厚堤防、疏浚河道、裁弯取直以及改建退建和清除河道内的阻水障碍物,加强险工、险段的防护工程等措施。

(4)建设现代化的防汛指挥系统。在主要河段和重要水库建设水文自动测报系统,在蓄滞洪区建立预警系统,在各级防汛指挥机构建立防汛通信、计算机网络、实时信息采集和专家决策支持系统,保证防汛信息准确、可靠、及时传递,不断提高防汛科学决策水平。

(5)大力宣传和认真贯彻执行《中华人民共和国水法》、《中华人民共和国防洪法》、《中华人民共和国防汛条例》、《中华人民共和国河道管理条例》和《水库大坝安全管理条例》等法规,依法防洪。提高全民的防洪意识,组织动员全社会力量投入防洪工作。依照有关法规,加强江、河、湖泊及防洪工程的管理。坚决清除江、河、湖泊的行、蓄洪阻水障碍,制止盲目围垦河道滩地的违法行为,以确保行、蓄洪的能力。

第 5 章　汛限水位动态控制

5.1　概　述

5.1.1　白龟山水库汛限水位设计与应用存在的主要问题

(1)规划设计的洪水调度方式（即泄流方式）不考虑洪水预报或降雨预报，调节计算不同于标准设计洪水时，只用库水位作为判断洪水发生的标准和改变泄流量的指标。由此形成“前期泄流偏少、后期泄流偏大、库水位偏高”的调洪结果，不仅设计的汛限水位“偏低”，并且与实时预报调度脱节。实际上，调洪最高水位滞后于实际出现的洪峰，更滞后于实际降雨信息。

(2)目前的洪水实时调度中严格按照设计的汛限水位控制，即所谓的“静态控制法”。实时洪水调度中，不管面临时刻实际与预报的水雨情如何，即使面临时刻晴空万里，只要库水位超过汛限水位便要弃水，致使一些年份形成“汛期弃水，汛后不能蓄至兴利蓄水位”的局面，洪水资源浪费很大。白龟山水库原汛期为 6 月 21 日～9 月 30 日，原设计的汛限水位为 102.0 m。由白龟山水库 1972～2002 年共 31 年的年水量平衡分析可知，有些年份存在汛期大量弃水，汛后库水位不能蓄到正常蓄水位的情况，见表 5.1。如，1976 年汛期弃水量 422.37×10^6 m^3，汛后(10 月 1 日）仅蓄到 101.70 m，比兴利库容少 71.7×10^6 m^3，之后遭遇连续枯水年，其中 1977 年和 1978 年库水位接近死水位。

表 5.1　最大可利用弃水量分析

年份（年）	汛期弃水量（$\times10^6$ m^3）	10 月 1 日水位（m）	至 103.0 m 可利用弃水量（$\times10^6$ m^3）	年份（年）	汛期弃水量（$\times10^6$ m^3）	10 月 1 日水位（m）	至 103.0 m 可利用弃水量（$\times10^6$ m^3）
2002	138.57	101.51	91.17	1988	213.09	102.78	12.83
2001	199.55	101.03	115.79	1985	108.16	102.29	41.71
2000	1 526.51	101.15	109.81	1976	422.37	101.70	71.70
1999	153.81	99.90	165.35	1973	131.94	102.09	45.38
1989	355.19	102.70	17.90				

因此，需要充分利用气象部门的预报产品、气象云图分析系统、水雨情遥测系统、洪水预报调度系统等，研究汛限水位动态控制方法，充分利用洪水资源。

基于以上问题，改变传统的“汛限水位设计与控制理念”，研究新的设计理论与方法，提出可操作的汛限水位动态控制方案，对于提高白龟山水库供水能力、适应国民经济发展是十分必要的，既具有重要理论意义，又具有巨大的经济价值。

5.1.2 主要研究内容和方法

5.1.2.1 主要研究的内容

针对目前白龟山水库汛限水位设计与运用中存在的问题，基于当前研究应用的新方法所取得的成果，从防洪安全与合理利用洪水资源两个基本目标出发，积极慎重地利用水文与气象预报已取得的成果，研究提出白龟山水库汛限水位设计与控制的新理论和新方法。

根据研究大纲要求，研究的主要内容包括：

(1)基于水库洪水自动遥测与预报系统运行精度和稳定性分析，研究水库洪水预报调度规划方法，选择可行的预报调度方式和净雨判断指标；

(2)汛限水位动态控制的必要性分析，主要分析洪水资源可利用量；

(3)实时洪水预报和降雨预报应用于汛限水位动态控制中的可行性研究；

(4)汛限水位极限允许动态控制范围研究；

(5)汛限水位动态控制方法研究，主要研究预泄能力约束法和汛限水位动态控制综合信息推理模式等方法；

(6)进行汛限水位动态控制的风险和效益分析，确定汛限水位动态控制的安全、经济、合理的实施方案，开发可操作的应用软件，与现有的洪水调度系统相连接。

5.1.2.2 研究的基本方法

(1)水库洪水预报调度方式。选择预报累积净雨和实际入库流量作为主要的判断指标，调节安全复核的各种频率洪水过程或调节设计净雨预报的洪水过程，设计新的汛限水位。并用建库后的实际大洪水模拟调度成果，检验新方法。

(2)洪水资源可利用量分析。采用两种方法，一是传统的长系列兴利调节时历法；二是洪水与枯水长系列连续调节法。

(3)洪水预报及降雨预报精度分析方法。依据水利部颁发的中华人民共和国行业标准《水文情报预报规范》(SL250—2000)，分析正在应用的洪水预报方案精度。考虑到气象部门近年来降雨预报理论水平的提高及先进技术与工具的引用，借鉴文献分析的预报精度方法，除应用气象部门传统的确率指标评价其预报精度外，还要统计分析未来 24 h 不同量级降雨预报的实际降雨频率分布规律，分析其可利用程度。

(4)汛限水位动态控制极限允许范围的确定方法。采用预蓄、预泄能力约束法，预报调度方式推求法，考虑年内洪水统计特征变化规律的汛期极限允许起调水位约束法和满足供水量及保证率约束等方法。分别推求极限允许动态控制汛限水位值。然后，应用上、下包线法确定汛限水位极限允许动态控制范围。

(5)汛限水位动态控制方法。在综合信息推理模式法和预泄能力约束法的研究基础上，主要应用多维逻辑推理原理建模，参考个别水库初步研究成果，结合多年调度经验，建立适合于本库的模式与算法，并编制相应的实时动态控制汛限水位操作软件。

(6)汛限水位动态控制的效益。在效益分析选择方案时，以原设计上、下游防洪安全指标及供水保证率为约束，以供水量最大为目标。效益分析采用变时段长系列调节法(洪水期按时段，非汛期按旬或月调节计算)，洪水与枯水长系列连续调节计算法。

(7)汛限水位动态控制风险分析基于统计学原理，应用条件频率描述预报误差造成的风险。

5.2 设计洪水复核及分期洪水分析

5.2.1 设计洪水复核

5.2.1.1 水文基本资料

5.2.1.1.1 雨量站

白龟山水库坝址以上流域内先后设立雨量站32处。除叶县、宝丰2站有新中国成立前不连续系列若干年外,绝大部分是新中国成立后设立的。其中,1951年观测至今的有二郎庙、鲁山、下汤、宝丰、龙王庙、叶县6站;1952～1960年设立的有白草坪、鸡冢、鸡冢(二)、瓦屋、曹楼、昭平台、达店、滍阳、白龟山、合庄、大营、澎河12站,其余14个站均在1960年以后设立,而且有些站中途又被撤销。各雨量站(见图5.1)历年资料均已整编成册,资料具有一定精度,成果较为可靠。

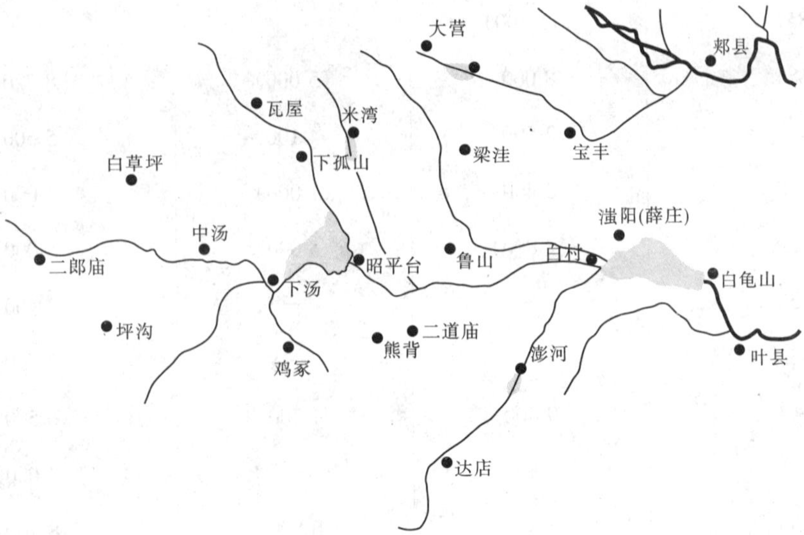

图5.1 沙河白龟山以上流域水文站分布图

5.2.1.1.2 水位、流量站

雨量、水位、流量站分布及各测站基本情况见表5.2。

表5.2 各测站基本情况

河 名	站 名	控制面积 (km^2)	基 本 情 况
沙河干流	白龟山	2 740	1960年由叶县水文站迁至白龟山水库改为水库站
沙河干流	昭平台	1 430	1954年6月设站,1958年撤销,1959年5月改为水库站
沙河干流	下 汤	820	1951年设站,1952年改为水位站,1961年上移至中汤
沙河干流	中 汤	485	1961年自下汤移来,观测至今
沙河支流荡泽河	曹 楼	410	1952年6月设水位站,8月改为水文站,1953年2月撤销,1954年夏设实验水文站,1956年冲毁,1960年上移至下孤山
沙河支流荡泽河	下孤山	354	1960年自曹楼移来
沙河支流太山庙河	鸡 冢	46	1962年设径流实验站,观测至今

5.2.1.1.3　历史洪水调查成果

1956年和1962年曾两次对该流域进行了历史洪水调查。1962年的调查范围上自下汤，下至鲁山、叶县一带。并且收集了有关县志及历史文献。流量推算采用比降法、水面曲线法、实测水位—流量关系等多种方法计算，相互检验。编有《沙河昭平台水库洪水调查报告》。昭平台水库以上近百年来的大洪水有：1851、1863 、1884、1898、1943、1956年和1957年共7年；次大及一般洪水年有1906、1915、1918、1924、1929、1931、1935年和1948年共8年。其中，1863年及1898年因年代较远，未调查到洪水痕迹。调查结果如下所述。沙河干流下汤附近以1851年洪水为最大，洪峰流量11 100 m^3/s；1943年洪水次之，洪峰流量9 400 m^3/s；1884年第三，洪峰流量8 000 m^3/s。支流荡泽河曹楼附近以1956年洪水为最大，1884年次之。昭平台附近洪峰以1957年及1956年为最大(1957年峰大量小)，1884年次之。现将1962年调查修正后的历史洪水成果摘录见表5.3。

表5.3　历史洪水调查成果摘录　　(单位：m^3/s)

年份	下汤站	曹楼站	昭平台站
1851	(11 100)	—	—
1884	8 000	(5 000)	8 220
1915	(2 500)	4 100	5 500
1918	3 400	(1 000)	4 000
1929	(2 800)	3 000	5 000
1931	—	—	2 400
1935	—	—	2 500
1943	9 400	1 300	6 500
1948	2 500	—	3 000
1956	4 800	6 800	8 700

注：表中带括号者供参考。

5.2.1.1.4　水文资料的复核

昭平台水库、白龟山水库的洪水观测资料，在建库之后为水库水文要素摘录，多数年份观测时段为1～2 h，对于计算时段洪量，可以满足要求。有些中小水年，观测时段比较长，对洪峰有明显影响。

另外，白龟山以上流域内的中小型水库对洪水资料有一定影响。

5.2.1.2　洪峰、洪量系列的统计方法

5.2.1.2.1　洪峰、洪量系列的统计原则

洪峰流量采用年最大值法选样，洪量采用固定时段独立选取年最大值法。根据本流域汛期洪水过程特点、水库调洪演算及流域规划等方面的要求，洪量时段采用24 h、3 d、7 d。

5.2.1.2.2　计算分区

昭平台、白龟山两水库为梯级水库，设计洪水计算分为3个分区：昭平台水库以上、昭—

白区间、白龟山水库以上。

5.2.1.2.3 洪峰洪量统计方法

1)昭平台水库以上

1959 年以前用流量资料计算;1960 年以后用库水位反推成果。其中,1964 年因昭平台水库白土沟溢洪道冲毁,缺测,故用 $Q_{中汤}+Q_{下孤山}+Q_{鸡冢}\sim Q_{昭平台}$ 相关线插补。

2)昭—白区间

1952～1958 年:洪量用叶县站洪量减去昭平台站洪量再乘以面积比推算;洪峰通过 $Q_{下汤、曹楼—叶县}\sim W_{24\,h叶县}$ 或 $Q_{昭—白}\sim W_{昭—白}$ 相关线推算而得(其中 $Q_{下汤、曹楼—叶县}$ 由叶县与下汤、曹楼实测流量之和错开传播时间相减而得),1959 年之后的洪峰和洪量用白龟山水库库水位反推的入库流量减去昭平台水库下泄流量而得。

3)白龟山水库以上

1960 年以前用叶县站流量资料,用面积比修正;建库后用昭平台、白龟山两库库水位反推,错开传播时间后叠加而得。

5.2.1.3 **历次设计洪水复核成果**

白龟山水库自建成以来,设计洪水曾多次(如 1964、1979 年和 1993 年)进行过复核,其中经过正式审定的有 1964 年和 1979 年两次。1993 年复核成果编入《沙河昭平台、白龟山水库除险加固工程可行性研究报告》。

5.2.1.3.1 1964 年复核

河南省水利厅于 1963 年 6 月提出《沙河昭平台、白龟山水库设计洪水修改报告》,经水利部水电建设总局审查,以水(63)勘字第 178 号文批复;根据审查意见,又于 1964 年 5 月提出《沙河昭平台、白龟山水库设计洪水补充计算》,报水利部水电建设总局审查。

5.2.1.3.2 1979 年复核

1979 年设计洪水复核,将洪水系列延长到 1977 年,昭平台水库以上系列长度为 27 年(1951～1977 年);昭—白区间、白龟山水库以上洪水系列为 26 年。编入《沙河昭平台、白龟山水库加固设计水文复核报告》(简称《1979 年报告》,下同)。1979 年水文复核时各单元设计洪水同时采用 3 种方法计算:①根据流量资料计算设计洪水;②根据雨量资料计算设计洪水;③按区域综合法计算设计洪水。

5.2.1.3.3 1993 年复核

1993 年复核时将 1951～1977 年(27 年)延长至 1988 年(38 年)进行计算。鉴于白龟山水库以上有较多的中小型水库及引水工程,人类活动对径流过程有一定的影响,且缺少有关资料可供还原分析。为了对延长以后的成果作合理性分析,补充延长了雨量系列。

1993 年设计洪水复核时,对比了 38 年系列与原来 27 年系列均值的差别。两个系列时段雨量均值也做了对比。

将延长后的 38 年系列各单元洪峰及洪量与 1979 年作的 27 年系列均值进行比较,由于补充系列属偏枯年份,所以长系列比短系列均值小,减小 6.9%～8.6%,只有昭—白区间长、短系列差值比较大。面雨量系列不受人类活动影响,白龟山水库以上 38 年系列与 1979 年 27 年系列相比,时段面雨量减小幅度在 6%以内,仍采用《1979 年报告》的洪水成果。

5.2.1.4 本次设计洪水复核

5.2.1.4.1 洪水系列的延长

本次洪水系列，将1951～1988年(38年)洪水系列，从1989年延长至2001年。延长之后系列长度，昭平台水库以上为51年(1951～2001年)。昭—白区间、白龟山水库以上，延长以后为50年(1952～2001年)。

白龟山水库以上中小型水库总库容达到 $1.1\times10^8\ m^3$，总控制面积 353.8 km^2。此外，白龟山水库建库之后，昭—白区间引水、库区直接供电厂和水厂用水，连同库区渗漏等调查水量年均在 $7\times10^7 \sim 15\times10^7\ m^3$ 之间。这些蓄水、引水工程对洪水系列一致性有一定的影响。按照《水利水电工程设计洪水计算规范》(SL44—93)第2.1.4条，应将资料还原到同一基础，对还原资料应进行合理性检查。

5.2.1.4.2 系列代表性分析

在白龟山水库以上的3个分区中，昭平台水库以上调查洪水资料比较多一些，可作洪峰系列代表性分析。

1962年编制的《沙河昭平台水库洪水调查报告》对昭平台水库以上洪水调查作了比较详细的介绍，对昭平台水库以上大洪水、次大洪水的调查资料归纳为“昭平台水库以上近百年来的大洪水有：1851、1863 、1884、1898、1943、1956年和1957年共7年 ，次大及一般洪水年有1906、1915、1918 、1924、1929、1931、1935年和1948年共8年”。

在延长后的系列中，1992年洪峰超过9 200 m^3/s。因此，自1851年至2000年的150年中，大洪水有1851、1863、1884、1898、1943、1956、1957、1992年共8年，平均约19年出现一次；在实测的50年系列中出现3次，平均17年出现一次，洪水出现概率略大一些。至于次大洪水与一般洪水，数量比较多，调查洪水对相同量级的洪水难免有遗漏，两个系列难以作具体比较。

5.2.1.4.3 洪水频率计算

《水利水电工程设计洪水计算规范》(SL44—93)要求具有30年以上实测或插补延长洪水流量资料，并在调查历史洪水时，应采用频率分析法计算设计洪水。白龟山水库以上有50～51年洪水流量资料，通过调查历史洪水证明，有一定代表性。而历史洪水与实测洪水相比较，大洪水量级相当，次大、较大同量级的洪水难免会遗漏。因此，频率计算时采用实测的洪水系列。

第 m 项洪水的经验频率 P_m 按数学期望公式计算：

$$P_m = \frac{m}{n+1}$$

式中：n 为实测连续系列长度；m 为按照大小顺序排位的序号。

频率曲线线型采用皮尔逊－Ⅲ型。

变差系数 C_v 通过适线并考虑参数的地区平衡确定。适线时，偏差系数 C_s 采用本地区的经验关系 $C_s=2.5C_v$。

5.2.1.4.4 关于校核洪水安全修正值

根据部颁设计洪水计算规范总则第1.0.11条“对大型工程或重要的中型工程，用频率分析法计算的校核标准设计洪水，应计算抽样误差。经综合分析检查后，如成果有偏小的可能，应加安全修正值，一般不超过计算值的20%”。

昭平台、白龟山水库校核洪水是否要加安全修正值，我们从以下4个方面作了分析。

1)计算均方误

白龟山水库以上非常运用洪水，均方误用 $n=27$ 年和 $n=50$ 年两种情况计算：$n=27$ 年均方误 $\sigma=33\%$；$n=50$ 年均方误 $\sigma=24\%$。

2)与邻近水库设计洪水比较

淮河上游洪汝河、沙颍河一带各座大型水库 $N \doteq 10\ 000$ 年的设计洪水的 C_v 对比(见表5.4)可知，昭平台、白龟山两水库，变差系数明显小于其他水库，即使与流域面积比它们大得多的宿鸭湖水库相比，还小0.05～0.15。变差系数偏小是因为本区的洪水样本中没有特大洪水。但在1553年以来，该地历史文献中却记述了多次特大洪水。

表5.4 洪汝河、沙颍河诸大型水库变差系数 C_v 对比

水库名称	白龟山	昭平台	下汤	燕山	板桥	薄山	宿鸭湖	孤石滩	石漫滩
流域面积(km^2)	2 740	1 430	820	1 169	762	580	4 498	286	230
洪峰 C_v	—	0.9	0.9	1.1	0.8	1.0	0.9	1.25	1
24 h洪量 C_v	0.8	0.85	0.85	1.1	1	0.94	0.9	1.15	1
3 d洪量 C_v	0.8	0.8	0.8	1.05	1	0.9	0.95	1.15	1
7 d洪量 C_v	0.75	0.8	0.8	1	1	0.9	0.9	1.15	1

3)与移置"75·8"暴雨洪水相比较

"75·8"暴雨中心位置离本流域比较近(约100 km)。如将暴雨中心推进到本流域内，与水库校核洪水比较，见表5.5。

表5.5 白龟山水库以上校核洪水加安全修正值前、后3 d洪量设计值与"75·8"洪水移置比较

分区名称	"75·8"暴雨移置 $W_{3\,d\text{“75·8”}}$ ($\times10^8\ m^3$)	重现期(年)	不加安全修正值		加20%安全修正值以后	
			$W_{3\,d(n)}$ ($\times10^8\ m^3$)	比值(%)	$W_{3\,d(n)}$ ($\times10^8\ m^3$)	比值(%)
			$\beta=0$	$W_{3\,d(n)}:W_{3\,d\text{“75·8”}}$	$\beta=20\%$	$W_{3\,d(n)}:W_{3\,d\text{“75·8”}}$
昭平台水库以上	13.59	5 000	10.54	77.6	12.65	93.1
昭—白区间	11.86	2 000	7.269	61.3	8.723	73.5
白龟山水库以上	23.48	2 000	13.3	56.6	15.96	68

注：表中，β 为安全修正系数；$W_{3\,d(n)}$ 为各重现期3天洪量；$W_{3\,d\text{“75·8”}}$ 为1975年8月白龟山水库流域3天的洪量。

在表5.5中，两库的校核洪水均小于"75·8"洪水，即使加了20%安全修正值还比"75·8"洪水小7%～32%。

4)与间接法计算成果相比较

1979年曾根据雨量资料计算白龟山水库以上各区的设计洪水(即间接法成果)，将间接法与直接法成果对比可知，两种途径计算的洪峰及7 d洪量比较接近，而24 h洪量和3 d洪量，直接法均偏小，稀遇洪水24 h偏小20%～23%；3 d洪量偏小7%～10%。

5.2.1.5 设计洪水采用成果

通过设计洪水成果合理性分析可知,本次成果与1979年成果对比略有减小,昭平台水库以上减小5.2%~8.9%;白龟山水库以上减小7.2%~7.8%;两次成果差别在9%以内。关于校核洪水的安全修正值,经过综合分析认为,洪峰流量基本合理,可以不加安全修正值。24 h洪量、3 d洪量、7 d洪量存在偏小的可能。虽然从不同的角度分析,偏小的程度不等,但与“75·8”洪水相比,即使加大20%还显得不足。依照规范,各时段洪量均加20%安全修正值。

1979年成果与本次设计洪水复核成果相差在10%以内,因此设计洪水仍采用已经批准过的1979年成果(经水利部规划设计管理局以[1980]水规字第019号文批准)。如表5.6所示。

表5.6 白龟山水库以上各分区设计洪水复核采用成果

项目	昭平台水库以上				昭—白区间				白龟山水库以上		
	Q (m^3/s)	$W_{24\ h}$ ($\times10^6$ m^3)	$W_{3\ d}$ ($\times10^6$ m^3)	$W_{7\ d}$ ($\times10^6$ m^3)	Q (m^3/s)	$W_{24\ h}$ ($\times10^6$ m^3)	$W_{3\ d}$ ($\times10^6$ m^3)	$W_{7\ d}$ ($\times10^6$ m^3)	$W_{24\ h}$ ($\times10^6$ m^3)	$W_{3\ d}$ ($\times10^6$ m^3)	$W_{7\ d}$ ($\times10^6$ m^3)
均值	3 546	99.6	150.3	198.7	2 210	65.8	92.9	122.2	154.6	227.8	305.5
C_v	0.90	0.85	0.8	0.8	0.95	0.95	0.95	0.90	0.80	0.80	0.75
C_s/C_v	2.5	2.5	2.5	2.5	2.5	2.5	2.5	2.5	2.5	2.5	2.5
5年一遇	5 320	149.4	223.9	296.1	3 340	99.4	140.3	183.3	230.4	339.4	449.1
10年一遇	7 620	209.2	306.6	405.3	4 860	144.9	204.4	262.7	315.4	464.7	604.9
20年一遇	9 930	268.9	390.8	516.6	6 410	191	269.4	342.2	402	592.3	760.7
50年一遇	13 050	348.6	500.5	661.7	8 530	254.2	358.6	449.7	514.8	758.6	962.3
100年一遇	15 460	410.4	584.7	772.9	10 170	302.9	427.3	532.8	601.4	886.1	1 118.1
500年一遇	21 010	552.8	778.6	1 029.3	13 990	416.5	588.1	724.6	800.8	1 180	1 472.5
1 000年一遇	23 440	614.5	861.2	1 138.6	15 670	466.9	658.7	807.7	885.9	1 305	1 622.2
2 000年一遇	25 850	675.3	943.9	1 247.8	17 290	514.9	726.9	890.8	970.9	1 431	1 773.4
5 000年一遇	29 077	756.46	1 053.6	1 392.9	19 492	580.36	819.38	1 002	1 084	1 597	1 972
10 000年一遇	31 490	818.7	1 137.8	1 504.2	21 190	631.5	890.9	1 085	1 170	1 724	2 126.3

5.2.1.6 设计洪水过程线

设计洪水过程线采用各时段洪量同频率相包、典型年放大的方法计算。典型年的选择,经过比较,选用洪水比较集中、主峰偏后、对水库影响较为恶劣的1955年8月15~22日的洪水过程为典型,计算时段为1 h。

昭平台、白龟山两水库的设计洪水过程线,按照两种洪水组合,即:昭平台水库以上设计、昭—白区间相应(见表5.7)与昭—白区间设计、昭平台水库以上相应(见表5.8)。

表 5.7　白龟山水库以上设计洪水过程线

（昭平台水库以上设计，昭—白区间相应；单位时段为 1 h）

时段序号	昭平台水库以上设计					昭—白区间相应				
	典型	$P=10\%$	$P=1\%$	$P=0.05\%$	$P=0.02\%$	典型	$P=10\%$	$P=1\%$	$P=0.05\%$	$P=0.02\%$
1	700	502	957	1 869	2 085	237	94.8	101.3	105.5	99.1
2	1 407	1 009	1 924	3 757	4 191	183	73.2	78.2	81.5	76.5
3	2 113	1 516	2 890	5 641	6 292	130	52	55.5	57.9	54.4
4	2 820	2 023	3 857	7 529	8 399	113	45.2	48.3	50.3	47.3
5	2 240	1 607	3 064	5 980	6 671	97	38.8	41.4	43.2	40.6
6	1 660	1 191	2 271	4 432	4 944	80	32	34.2	35.6	33.5
7	1 080	775	1 477	2 883	3 216	110	44	47	49	46
8	913	655	1 249	2 437	2 719	220	89	94	97	92
9	747	536	1 022	1 994	2 224	330	133	140	146	138
10	580	416	793	1 548	1 727	696	280	296	308	292
11	553	397	756	1 477	1 647	1 061	428	451	470	445
12	527	378	721	1 407	1 569	1 427	575	607	632	599
13	500	359	684	1 335	1 489	1 241	500	528	550	521
14	600	430	821	1 602	1 787	1 056	426	449	468	443
15	700	502	957	1 869	2 085	870	351	370	385	365
16	800	574	1 094	2 136	2 383	670	270	285	296	281
17	720	516	985	1 923	2 145	470	189	200	208	197
18	640	459	875	1 709	1 906	270	109	115	120	113
19	560	402	766	1 495	1 667	197	79	84	88	83
20	500	359	684	1 335	1 489	123	50	52	54	52
21	440	316	602	1 175	1 310	50	20	21	22	20
22	380	273	520	1 015	1 132	47	19	20	20	19
23	353	253	483	943	1 051	43	17	18	19	18
24	327	235	447	872	973	40	16	17	18	17
25	300	215	410	801	894	80	32	34	36	34
26	280	201	383	748	834	120	48	51	53	50
27	260	186	356	694	774	160	64	68	71	67
28	240	172	328	640	714	230	93	98	102	96
29	227	163	310	607	677	300	121	128	133	126
30	213	153	291	569	635	370	149	157	164	155
31	200	143	274	534	596	452	182	192	200	190
32	190	136	260	508	566	533	215	227	236	223
33	180	129	246	481	536	615	248	262	272	258
34	170	122	233	454	507	607	245	258	269	254

续表 5.7

时段序号	昭平台水库以上设计					昭—白区间相应				
	典型	P=10%	P=1%	P=0.05%	P=0.02%	典型	P=10%	P=1%	P=0.05%	P=0.02%
35	163	117	223	435	485	598	241	254	265	251
36	157	113	215	419	468	590	238	251	262	247
37	150	108	205	400	446	513	207	218	227	215
38	147	105	201	393	438	437	176	186	193	184
39	143	103	196	382	426	360	145	153	160	151
40	140	100	191	373	417	323	130	137	143	136
41	143	103	196	382	426	287	116	122	127	120
42	147	105	201	393	438	250	101	106	110	104
43	150	108	205	400	446	230	93	98	102	96
44	160	115	219	428	477	210	85	89	92	88
45	170	122	233	454	507	190	77	81	84	79
46	180	129	246	481	536	173	70	74	77	72
47	213	153	291	569	635	157	63	67	70	66
48	247	177	338	660	736	140	56	60	62	59
49	280	201	383	748	834	130	52	55	58	54
50	587	421	803	1 567	1 748	120	48	51	53	50
51	893	641	1 221	2 384	2 660	110	44	47	49	46
52	1 200	861	1 641	3 203	3 573	107	43	46	47	44
53	1 000	717	1 368	2 669	2 978	103	42	44	46	43
54	800	574	1 094	2 136	2 383	100	40	43	44	42
55	600	430	821	1 602	1 787	100	40	43	44	42
56	527	378	721	1 407	1 569	100	40	43	44	42
57	453	325	620	1 210	1 349	100	40	43	44	42
58	380	273	520	1 015	1 132	248	100	105	110	104
59	327	235	447	872	973	397	160	169	175	167
60	273	196	373	729	813	545	220	232	241	229
61	220	158	301	587	655	520	210	221	230	218
62	207	148	283	552	616	495	199	211	220	208
63	193	138	264	515	574	470	189	200	208	197
64	180	129	246	481	536	447	180	190	198	187
65	170	122	233	454	507	423	170	180	187	178
66	160	115	219	428	477	400	161	170	178	168
67	150	108	205	400	446	383	154	163	169	161
68	147	105	201	393	438	367	148	156	162	154
69	143	103	196	382	426	350	141	149	155	146
70	140	100	191	373	417	337	136	143	149	142

续表 5.7

时段序号	昭平台水库以上设计					昭—白区间相应				
	典型	$P=10\%$	$P=1\%$	$P=0.05\%$	$P=0.02\%$	典型	$P=10\%$	$P=1\%$	$P=0.05\%$	$P=0.02\%$
71	133	95	182	355	396	323	130	137	143	136
72	127	91	174	340	379	310	125	132	137	130
73	120	86	164	320	357	297	120	126	132	125
74	117	84	160	312	348	283	114	120	125	119
75	113	81	155	302	337	270	109	115	120	113
76	110	79	150	294	328	262	106	111	116	110
77	110	79	150	294	328	253	102	108	112	106
78	110	79	150	294	328	245	99	104	108	103
79	110	79	150	294	328	237	96	101	104	100
80	107	77	146	285	318	228	92	97	101	96
81	103	74	141	276	307	220	89	94	97	92
82	100	72	137	267	298	212	85	90	94	89
83	100	72	137	267	298	203	82	86	90	85
84	100	72	137	267	298	195	79	83	86	82
85	100	72	137	267	298	188	76	80	83	79
86	100	72	137	267	298	182	73	77	80	77
87	100	72	137	267	298	175	71	74	78	73
88	100	72	137	267	298	169	68	72	74	71
89	100	72	137	267	298	162	65	69	72	68
90	100	72	137	267	298	156	63	66	70	66
91	100	72	137	267	298	151	61	64	67	64
92	100	72	137	267	298	145	58	62	65	61
93	100	72	137	267	298	140	56	60	62	59
94	100	72	137	267	298	137	55	58	61	58
95	100	72	137	267	298	133	54	57	59	55
96	100	72	137	267	298	130	52	55	58	54
97	100	113	202	367	406	127	165	351	730	823
98	113	127	228	416	460	123	160	340	707	798
99	124	143	256	466	516	120	156	331	690	778
100	140	158	283	515	569	113	147	312	649	733
101	223	252	450	819	906	107	139	296	614	694
102	307	346	620	1 127	1 247	100	130	276	575	648
103	390	440	787	1 433	1 585	100	130	276	575	648
104	540	609	1 090	1 983	2 193	100	130	276	575	648
105	690	778	1 393	2 535	2 803	100	130	276	575	648

续表 5.7

时段序号	昭平台水库以上设计					昭—白区间相应				
	典型	P=10%	P=1%	P=0.05%	P=0.02%	典型	P=10%	P=1%	P=0.05%	P=0.02%
106	840	948	1 696	3 086	3 412	103	134	284	592	668
107	767	865	1 548	2 818	3 116	107	139	296	614	694
108	693	782	1 399	2 547	2 816	110	143	304	632	713
109	620	699	1 252	2 277	2 518	150	195	414	862	973
110	577	651	1 165	2 120	2 345	190	247	525	1 092	1 232
111	533	601	1 076	1 959	2 166	230	299	635	1 321	1 492
112	490	553	989	1 800	1 991	290	377	801	1 667	1 880
113	463	522	935	1 701	1 881	350	454	967	2 011	2 269
114	437	493	882	1 606	1 775	410	532	1 132	2 356	2 658
115	410	462	828	1 506	1 666	478	621	1 320	2 747	3 100
116	440	496	888	1 616	1 787	545	708	1 505	3 132	3 534
117	470	530	949	1 727	1 910	613	796	1 693	3 522	3 974
118	500	564	1 009	1 837	2 031	549	713	1 516	3 155	3 560
119	580	654	1 171	2 131	2 356	484	628	1 337	2 780	3 138
120	660	744	1 332	2 425	2 681	420	545	1 160	2 413	2 723
121	740	835	1 494	2 719	3 006	350	454	967	2 011	2 269
122	700	790	1 413	2 571	2 843	280	364	773	1 609	1 816
123	660	744	1 332	2 425	2 681	210	273	580	1 207	1 362
124	620	699	1 252	2 277	2 518	162	210	447	931	1 050
125	570	643	1 151	2 094	2 316	113	147	312	649	733
126	520	587	1 050	1 910	2 112	65	84	180	373	421
127	470	530	949	1 727	1 910	57	74	157	328	370
128	503	567	1 015	1 848	2 043	48	62	133	276	311
129	537	606	1 084	1 973	2 181	40	52	110	230	259
130	570	643	1 151	2 094	2 316	140	182	387	804	907
131	617	696	1 245	2 267	2 506	240	312	663	1379	1 556
132	663	748	1 338	2 436	2 693	340	441	939	1 954	2 204
133	710	1 219	2 378	4 835	5 418	297	386	820	1 706	1 926
134	820	1 407	2 747	5 585	6 257	253	328	699	1 453	1 640
135	930	1 596	3 115	6 334	7 097	210	273	580	1 207	1 362
136	1 040	1 785	3 483	7 082	7 936	197	256	544	1 132	1 277
137	1 657	2 844	5 550	11 284	12 644	183	238	505	1 051	1 187
138	2 273	3 901	7 613	15 480	17 345	170	221	470	977	1 103
139	2 890	7 620	15 460	25 850	29 077	240	312	663	1 379	1 556
140	2 420	4 153	8 106	16 481	18 467	310	402	856	1 781	2 010
141	1 950	3 347	6 531	13 280	14 880	380	739	1 329	2 467	2 730
142	1 480	2 540	4 957	10 079	11 293	736	1 431	2 574	4 780	5 287

续表 5.7

时段序号	昭平台水库以上设计					昭—白区间相应				
	典型	$P=10\%$	$P=1\%$	$P=0.05\%$	$P=0.02\%$	典型	$P=10\%$	$P=1\%$	$P=0.05\%$	$P=0.02\%$
143	1 357	2 329	4 545	9 241	10 355	1 091	2 121	3 815	7 085	7 837
144	1 233	2 116	4 130	8 397	9 408	1 447	2 813	5 060	9 397	10 394
145	1 110	1 905	3 718	7 559	8 470	1 534	2 982	5 364	9 962	11 020
146	1 240	2 128	4 153	8 445	9 462	1 622	3 153	5 672	10 534	11 652
147	1 370	2 351	4 589	9 329	10 453	1 709	3 323	5 976	11 099	12 277
148	1 500	2 574	5 024	10 215	11 446	1 359	2 642	4 752	8 826	9 763
149	1 390	2 386	4 656	9 466	10 606	1 010	1 964	3 532	6 559	7 255
150	1 280	2 197	4 287	8 717	9 768	660	1 283	2 308	4 286	4 741
151	1 170	2 008	3 919	7 968	8 928	453	881	1 584	2 942	3 254
152	1 073	1 841	3 594	7 308	8 188	247	480	864	1 604	1 775
153	977	1 677	3 272	6 654	7 455	40	78	140	259	287
154	880	1 510	2 947	5 993	6 715	63	122	220	409	452
155	813	1 395	2 723	5 536	6 203	87	169	304	565	625
156	747	1 282	2 502	5 088	5 701	110	214	385	714	791
157	680	767	1 373	2 498	2 762	202	393	706	1 312	1 451
158	637	719	1 286	2 340	2 587	293	570	1 025	1 903	2 105
159	593	669	1 197	2 178	2 408	385	749	1 346	2 501	2 766
160	550	620	1 110	2 021	2 235	373	725	1 304	2 423	2 680
161	513	579	1 036	1 884	2 083	362	704	1 266	2 351	2 600
162	477	538	963	1 752	1 937	350	680	1 224	2 273	2 514
163	440	496	888	1 616	1 787	337	655	1 178	2 189	2 420
164	413	466	834	1 517	1 677	323	628	1 129	2 098	2 321
165	387	437	781	1 421	1 572	310	402	856	1 781	2 010
166	360	406	727	1 322	1 462	300	389	829	1 723	1 945
167	338	381	682	1 242	1 373	290	377	801	1 667	1 880
168	317	358	640	1 164	1 287	280	364	773	1 609	1 816
169	297	336	601	1 022	1 114	270	351	746	1 554	1 753
170	279	316	564	958	1 004	261	339	720	1 500	1 693
171	262	297	529	898	905	252	328	695	1 448	1 634
172	245	279	496	842	815	243	316	670	1 398	1 578
173	230	262	466	789	734	235	305	647	1 350	1 524
174	216	246	437	739	661	227	295	624	1 303	1 471
175	202	232	410	693	596	219	285	603	1 258	1 420
176	190	218	385	649	537	211	275	582	1 215	1 371
177	178	204	361	609	484	204	265	561	1 173	1 324
178	167	192	339	570	436	197	256	542	1 132	1 279
179	157	180	318	534	393	190	247	523	1 093	1 234
180	147	170	298	501	354	184	239	504	1 055	1 192

注：$N=2\ 000$、$5\ 000$ 年均已计入安全修正值。

表 5.8　白龟山水库设计洪水过程线

（昭—白区间设计，昭平台水库以上相应；单位时段为 1 h）

时段序号	昭平台水库以上相应			昭—白区间设计			时段序号	昭平台水库以上相应			昭—白区间设计		
	典型	$P=1\%$	$P=0.05\%$	典型	$P=1\%$	$P=0.05\%$		典型	$P=1\%$	$P=0.05\%$	典型	$P=1\%$	$P=0.05\%$
1	700	644	1 087	237	243	452	31	200	184	311	452	463	864
2	1 407	1 294	2 184	183	188	349	32	190	175	295	533	546	1 019
3	2 113	1 943	3 281	130	134	248	33	180	165	280	615	630	1 176
4	2 820	2 593	4 378	113	116	216	34	170	156	264	607	622	1 160
5	2 240	2 059	3 478	97	100	185	35	163	150	253	598	613	1 144
6	1 660	1 526	2 578	80	82	153	36	157	144	244	590	604	1 128
7	1 080	993	1 676	110	113	210	37	150	138	233	513	526	982
8	913	839	1 417	220	225	421	38	147	135	228	437	448	835
9	747	687	1 159	330	338	631	39	143	131	222	360	369	689
10	580	533	900	696	713	1 331	40	140	129	217	323	331	618
11	553	508	858	1 061	1 087	2 029	41	143	131	222	287	294	548
12	527	485	818	1 427	1 462	2 729	42	147	135	228	250	256	478
13	500	460	776	1 241	1 271	2 374	43	150	138	233	230	236	440
14	600	552	931	1 056	1 082	2 020	44	160	147	248	210	215	402
15	700	644	1 087	870	891	1663	45	170	156	264	190	195	364
16	800	736	1 242	670	686	1 282	46	180	165	280	173	177	331
17	720	662	1 117	470	482	899	47	213	196	331	157	161	300
18	640	588	994	270	277	516	48	247	227	384	140	143	268
19	560	515	869	197	202	377	49	280	257	434	130	133	248
20	500	460	776	123	126	235	50	587	540	911	120	123	229
21	440	405	683	50	51	96	51	893	821	1 386	110	113	210
22	380	349	590	47	48	90	52	1 200	1 103	1 862	107	110	205
23	353	325	548	43	44	83	53	1 000	919	1 553	103	106	197
24	327	301	508	40	41	77	54	800	736	1 242	100	102	191
25	300	276	466	80	82	152	55	600	552	931	100	102	191
26	280	257	434	120	123	229	56	527	485	818	100	102	191
27	260	239	403	160	164	306	57	453	416	703	100	102	191
28	240	221	372	230	236	440	58	380	349	590	248	254	474
29	227	209	353	300	307	574	59	327	301	508	397	407	760
30	213	196	331	370	379	708	60	273	251	424	545	558	1 043

续表 5.8

时段序号	昭平台水库以上相应			昭一白区间设计			时段序号	昭平台水库以上相应			昭一白区间设计		
	典型	P=1%	P=0.05%	典型	P=1%	P=0.05%		典型	P=1%	P=0.05%	典型	P=1%	P=0.05%
61	220	202	342	520	533	995	91	100	92	155	151	155	289
62	207	190	322	495	507	947	92	100	92	155	145	149	277
63	193	177	300	470	482	899	93	100	92	155	140	143	268
64	180	165	280	447	458	854	94	100	92	155	137	140	262
65	170	156	264	423	433	809	95	100	92	155	133	136	254
66	160	147	248	400	410	764	96	100	92	155	130	133	248
67	150	138	233	383	392	732	97	100	186	318	127	395	808
68	147	135	228	367	376	702	98	113	210	360	123	383	782
69	143	131	222	350	359	670	99	124	236	404	120	373	763
70	140	129	217	337	345	644	100	140	260	445	113	352	719
71	133	122	206	323	331	618	101	223	414	709	107	333	680
72	127	117	197	310	318	593	102	307	570	977	100	311	636
73	120	110	186	297	304	568	103	390	724	1 241	100	311	636
74	117	108	181	283	290	541	104	540	1 003	1 718	100	311	636
75	113	104	175	270	277	516	105	690	1 281	2 196	100	311	636
76	110	101	170	262	268	502	106	840	1 559	2 674	103	321	655
77	110	101	170	253	259	484	107	767	1 424	2 441	107	333	680
78	110	101	170	245	251	468	108	693	1 287	2 206	110	342	700
79	110	101	170	237	243	454	109	620	1 151	1 973	150	467	954
80	107	98	166	228	234	436	110	577	1 071	1 836	190	591	1 208
81	103	95	160	220	225	421	111	533	990	1 697	230	716	1 463
82	100	92	155	212	217	406	112	490	910	1 560	290	902	1 844
83	100	92	155	203	208	389	113	463	860	1 474	350	1 089	2 226
84	100	92	155	195	200	373	114	437	811	1 391	410	1 276	2 608
85	100	92	155	188	193	360	115	410	761	1 304	478	1 488	3 041
86	100	92	155	182	186	348	116	440	817	1 400	545	1 696	3 467
87	100	92	155	175	179	335	117	470	873	1 495	613	1 908	3 899
88	100	92	155	169	173	323	118	500	928	1 591	549	1 708	3 492
89	100	92	155	162	166	310	119	580	1 077	1 846	484	1 506	3 079
90	100	92	155	156	160	299	120	660	1 225	2 100	420	1 307	2 671

续表 5.8

时段序号	昭平台水库以上相应			昭一白区间设计			时段序号	昭平台水库以上相应			昭一白区间设计		
	典型	$P=1\%$	$P=0.05\%$	典型	$P=1\%$	$P=0.05\%$		典型	$P=1\%$	$P=0.05\%$	典型	$P=1\%$	$P=0.05\%$
121	740	1 374	2 356	350	1 089	2 226	151	1 170	3 003	5 734	453	2 489	5 394
122	700	1 300	2 227	280	871	1 781	152	1 073	2 754	5 258	247	1 357	2 942
123	660	1 225	2 100	210	654	1 336	153	977	2 507	4 788	40	220	449
124	620	1 151	1 973	162	504	1 031	154	880	2 258	4 313	63	346	706
125	570	1 058	1 814	113	352	719	155	813	2 086	3 984	87	478	976
126	520	965	1 655	65	202	414	156	747	1 917	3 661	110	604	1 232
127	470	873	1 495	57	177	362	157	680	1 262	2 164	202	1 110	2 264
128	503	934	1 601	48	149	305	158	637	1 183	2 027	293	1 610	3 284
129	537	997	1 709	40	124	254	159	593	1 101	1 888	385	2 115	4 315
130	570	1 058	1 814	140	436	890	160	550	1 021	1 751	373	2 049	4 181
131	617	1 145	1 963	240	747	1 526	161	513	952	1 633	362	1 989	4 057
132	663	1 231	2 110	340	1 058	2 162	162	477	886	1 518	350	1 923	3 923
133	710	1 822	3 479	297	924	1 889	163	440	817	1 400	337	1 851	3 778
134	820	2 104	4 019	253	787	1 609	164	413	767	1 314	323	1 774	3 620
135	930	2 387	4 558	210	654	1 336	165	387	718	1 231	310	965	1 972
136	1 040	2 669	5 096	197	613	1 253	166	360	668	1 146	300	934	1 908
137	1 657	4 252	8 120	183	569	1 164	167	338	627	1 075	290	902	1 844
138	2 273	5 833	11 138	170	529	1 081	168	317	589	1 009	280	871	1 781
139	2 890	7 417	14 162	240	747	1 526	169	297	553	947	270	841	1 719
140	2 420	6 210	11 860	310	965	1 972	170	279	520	889	261	812	1 660
141	1 950	5 004	9 556	380	2 088	4 524	171	262	488	835	252	784	1 603
142	1 480	3 798	7 253	736	4 043	8 763	172	245	459	783	243	757	1 548
143	1 357	3 482	6 650	1 091	5 994	12 991	173	230	431	735	235	731	1 494
144	1 233	3 164	6 042	1 447	7 950	16 925	174	216	405	690	227	706	1 443
145	1 110	2 849	5 440	1 534	8 427	17 195	175	202	380	648	219	682	1 393
146	1 240	3 182	6 077	1 622	8 911	17 290	176	190	357	608	211	658	1 345
147	1 370	3 516	6 714	1 709	10 170	17 290	177	178	336	571	204	636	1 299
148	1 500	3 849	7 351	1 359	7 466	15 896	178	167	315	536	197	614	1 254
149	1 390	3 567	6 811	1 010	5 549	11 814	179	157	296	503	190	593	1 211
150	1 280	3 285	6 272	660	3 626	7 858	180	147	278	472	184	572	1 169

注：$N=2\ 000$ 年已计入安全修正值。

5.2.2 汛期分期及分期设计洪水

分期洪水分析工作是在设计洪水复核工作的基础上进行的。根据分期划分，凡是年最大值出现在某个分期之中，直接采用原来系列值，否则补充统计。白龟山水库是梯级水库的下库，分期洪水分析涉及到昭平台水库以上、白龟山水库以上、昭—白区间3个分区。

由于能定量调查的洪水量级比较小，在分期洪水分析时不计入调查洪水。

5.2.2.1 洪水季节性变化规律的分析和分期的划分

5.2.2.1.1 河南省汛期及主汛期

河南省洪水都为暴雨所致，造成暴雨的天气系统主要是低压槽、切变线、低涡和台风。每当盛夏，冷暖气流经常在河南省交绥摆动，极易造成暴雨洪水。6月中旬前后，西太平洋副热带高压带移到北纬20°以北，河南省淮河汛雨开始；6月下旬，副热带高压带继续北上，洪汝河、沙颍河进入主汛期；7月初，雨区逐渐推进到黄河流域和河南省北部。豫北洪水，往往集中在“七下八上”的二十多天或几场降雨过程中；8月中旬后，副热带高压带开始南撤；9月末，全省汛期基本结束。

5.2.2.1.2 分期的划定

根据河南省气象特点，结合本流域洪水年内分布图与历史上特大洪水出现时间。白龟山水库主汛期采用6月下旬～8月上旬；8月中旬～9月末作为后期洪水(秋季洪水)。

5.2.2.2 分期洪水计算方法

(1)分期划定后，分期洪水一般在规定时段内，按最大值选样。

根据《水利水电工程设计洪水计算手册》，按跨期选样时，跨期的幅度一般不宜超过5～10 d，采用10 d。各个分期洪水统计时间如表5.9所示。

表5.9 各个分期洪水统计时间

设计洪水分期名称	分期		按照跨期统计	
	开始日期(月·日)	终止日期(月·日)	开始日期(月·日)	终止日期(月·日)
主汛期	06.20	08.10	06.10	08.20
后期洪水	08.11	09.30	08.01	10.10

(2)建库前后各分区流量过程线计算方法。

本流域各个分区，除了叶县水文站有洪水水文要素可以直接计算流量过程线以外，其他各分区均通过库水位反推，或2～3个单元叠加或相减获得。如白龟山水库、昭平台水库建库以后，用水库水位反推入库流量过程线；昭—白区间流量过程线，则用白龟山水库入库流量过程线减去昭平台下泄河道的流量过程演进到白龟山水库的流量过程线；昭平台水库建库以前，采用下汤水文站流量过程线与曹楼水文站流量过程线叠加，再用面积比转换；昭—白区间则用叶县水文站流量过程减去昭平台演进至叶县的过程再换算。

(3)分期洪水计算系列。1951年资料不全，分期洪水计算从1952年开始，至2001年结束，共计50年。

(4)计算时段。洪水过程线计算时段采用1 h。

(5)关于时段洪量修正。在分期洪水计算时，有些年份年最大值不在计算分期之内，分期内洪水比较小，观测时段比较长，出现洪峰或时段洪量被均化。为此，采用洪峰与 $W_{24\,h}$ 相关、时段洪量之间相关经验公式予以近似修正。

$$Q_{max} \approx A\,W^{b}_{24\,h}$$

式中：$W_{24\,h}$ 为 24 h 洪量，$10^4\ m^3$；Q_{max} 为洪峰流量，m^3/s；A 为经验公式系数；b 为经验公式指数。

(6)中、小型水库影响还原。白龟山水库以上、中小型水库对洪水的影响包括兴利库容拦蓄作用与防洪库容滞洪作用两部分。由于中、小型水库没有观测资料，只能作近似还原估算。

还原估算的方法如下。

①时段洪量还原。

小水年取决于来水量，可以近似采用面积比估算，有

$$\Delta W_t \approx A_i/(A - A_i) \cdot W_t$$

式中：W_t 为实测的时段洪量，$10^6\ m^3$；ΔW_t 为还原水量，$10^6\ m^3$；A 为水库以上控制面积，km^2；A_i 为第 i 年中、小型水库控制流域面积之和，km^2。

大、中洪水年份蓄变量估算：洪水发生时，前期水位是随机变量。前期水位偏高，至少起滞洪作用，蓄变量约占兴利库容的 20%；当前期水位偏低或接近死水位时，一次洪水的蓄变量，可占兴利库容的 80%～100%；个别年份，久旱之后来一场大洪水，不仅全部兴利库容拦截洪水，同时调洪库容也起滞洪作用。这时，一次洪水蓄变量与兴利库容的比值可能大于 1。由于缺乏资料，不能依据实际蓄变量还原，只能采用一个数字来加以控制，限制一次洪水的还原量不超过兴利库容的 60%。即：当 $V_i > 0.6$，采用

$$\Delta W_t = 0.6 V_i$$

式中：ΔW_t 为还原水量，$10^6\ m^3$；V_i 为第 i 年中、小型水库兴利库容之和，$10^6\ m^3$。

②洪峰流量还原

建立昭—白区间、昭平台水库以上洪峰与 24 h 洪量的经验公式：

$$Q_{max还原} = Q_{max} \times \left(\frac{W_{24\,h还原后}}{W_{24\,h}}\right)^{\beta}$$

式中：$Q_{max还原}$ 为还原以后的洪峰；β 值根据昭平台水库、昭—白区间 Q_{max} 与 $W_{24\,h}$ 相关图确定，昭平台水库 $\beta = 1.146$；昭—白区间 $\beta = 1.122$。

昭—白区间引水还原量用调查水量的日平均水量按照时段分别加入相应时段洪量。略去引水量对洪峰的影响。

5.2.2.3　分期洪水统计成果

按照上述计算方法得到 1952～2001 年分期洪水 50 年系列的统计成果。对各分期时间分别列出统计成果表。

表 5.10 列出还原后与还原前均值的比值：这些数字与中、小型水库分布状况相协调，还原成果基本合理。

5.2.2.4　系列代表性分析

在作分期洪水频率计算之前，首先对年最大洪水系列作代表性分析。在白龟山水库以

上的3个分区中，昭平台水库以上调查洪水资料比较多一些，可以作洪峰系列代表性分析。

图5.2绘出了白龟山水库以上年最大时段洪量的累积平均过程线。由图可见，前20年变幅比较大，20年之后变幅逐渐减小，30年之后变幅更小，渐趋于稳定。1952~2001年系列具有一定的代表性。

表5.10　白龟山水库以上各区还原后、还原前均值比

项目	昭平台水库	昭—白区间	白龟山水库
流域面积(km^2)	1 430	1 310	2 740
中、小型水库面积(km^2)	35.2	287.83	323.1
中、小型水库面积百分数(%)	2.46	22	11.79
还原后、还原前均值比	1.007:1.011	1.11:1.14	1.054:1.082

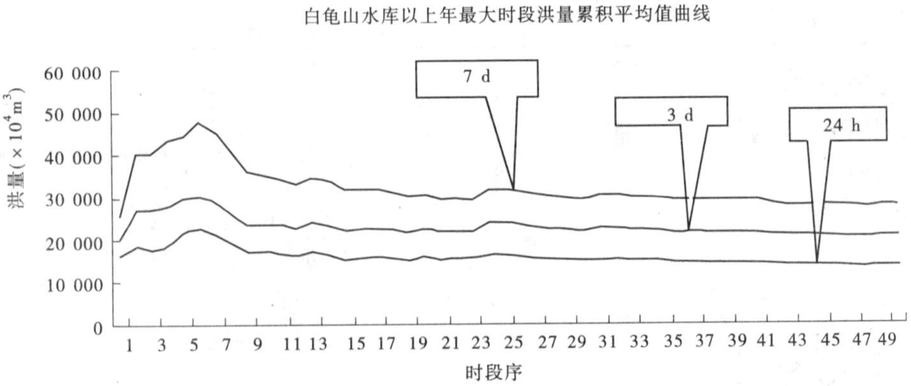

图5.2　白龟山水库以上年最大时段洪量的累积平均过程线

图5.3为白龟山水库以上后期分期洪水的累积平均过程线，总的趋势与年最大值一致，唯过程多微波状起伏，似与取样范围缩小有关。

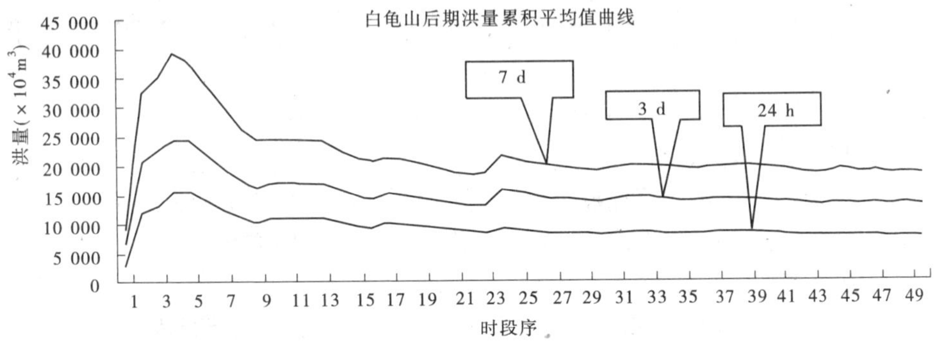

图5.3　白龟山水库以上后期分期洪水的累积平均过程线

5.2.2.5　**分期洪水频率计算**

分期洪水采用成果应与设计洪水相协调，因此分期洪水频率计算采用系列也是1952~2001年50年系列。白龟山水库以上分期洪水频率计算成果见表5.11。由表5.11可知，分

期洪水的变差系数比较大，如果不作调整，外延部分与年最大选样的频率曲线相交。适线时作适当调整。调整时以年最大季控制、季控制分段。以前几项洪水为主要控制点，调整(加大)均值，减小 C_v 值，使得分期洪水与年最大选样的频率曲线协调，偏安全定线。白龟山水库以上分期洪水频率曲线见图5.4。

表5.11　白龟山水库以上分期洪水频率计算成果

项目	分期	计算			适线		
		均值	C_v	C_s	均值	C_v	C_s
$W_{24\,h}$	年最大	14 395	0.64	0.39	14 400	0.8	2
	秋季	7 988	0.95	1.05	9 000	0.9	2.25
$W_{3\,d}$	年最大	21 340	0.65	1.28	21 400	0.8	2
	秋季	13 461	1.00	2.21	16 000	0.9	2.25
$W_{7\,d}$	年最大	28 538	0.64	1.03	29 000	0.75	1.875
	秋季	18 893	0.94	1.73	20 000	0.95	2.375

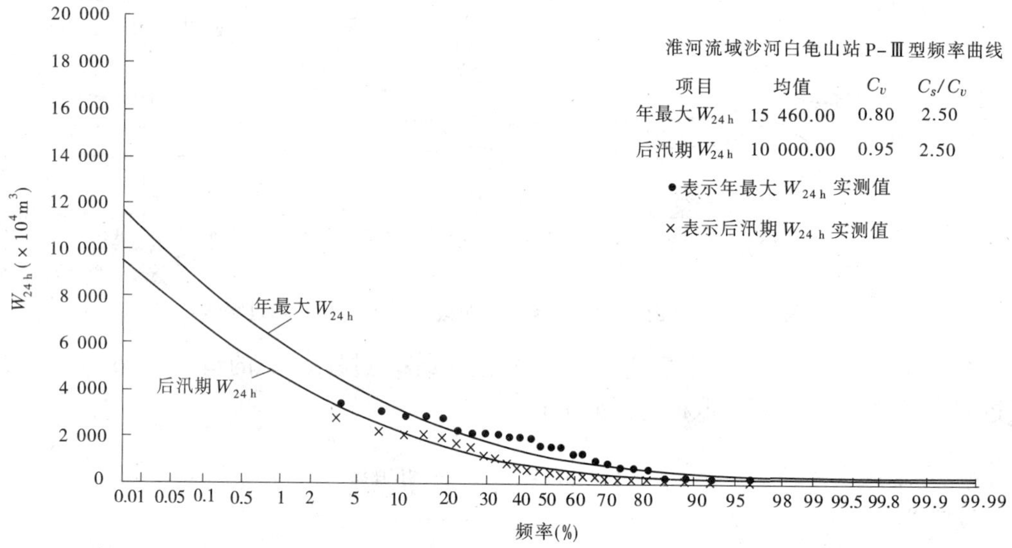

图5.4　白龟山水库以上分期洪水频率曲线

5.2.2.6　分期设计洪水的选用

水利水电工程设计洪水计算规范明确规定："频率计算中的洪峰流量和不同时段的洪量系列，应由每年最大值组成，当洪水特性在一年内随季节或成因变化明显不同时，可分期进行选样统计，但划分不宜过细。"

主汛期6月21日~8月10日，设计洪水按照规范应直接采用年最大值计算成果。本次后期洪水定线与上部点据配合尚好，与年最大24 h洪量频率曲线相互协调。分期洪水采用成果见表5.12、表5.13。

5.2.2.7　分期设计洪水过程线

分期洪水过程线分为两部分：主汛期过程线与后期洪水过程线。《1979年报告》中选用1955年8月14~28日典型洪水过程为连续洪水所组成的，洪水比较集中，主峰为两次，后峰略大，代表对水库比较不利的情况。《1979 年报告》之后的大洪水有 2000 年洪水，2000 年过程线与 1957 年过程线相似，洪峰分别出现在 6 月 25 日、7 月 4 日、7 月 6 日；前峰与中间洪峰相隔 9 日；后面两个洪峰间隔虽短，但是，昭平台水库与昭—白区间不同步，昭平台水库先小后大，昭—白区间则先大后小。对梯级水库而言，该过程线是不安全的。经过分析对比，仍选用 1955 年典型作为过渡段典型过程线。

设计洪水过程线包括 6 种重现期：$N = 10$、20、50、100、2 000、5 000 年。采用同频率放大法放大过程线。

表 5.12 主汛期设计洪水成果(6 月 21 日～8 月 10 日)

分区	项目	单位	均值	C_v	C_s/C_v	重现期					
						10 年	20 年	50 年	100 年	2 000 年	5 000 年
白龟山水库以上	$W_{24\,h}$	$\times10^4\ m^3$	15 460	0.8	2.5	31 538	40 196	51 482	60 139	116 507	130 050
	$W_{3\,d}$	$\times10^4\ m^3$	22 780	0.8	2.5	46 471	59 228	75 857	88 614	171 670	191 625
	$W_{7\,d}$	$\times10^4\ m^3$	30 550	0.75	2.5	60 489	76 070	96 233	111 813	212 811	236 640
昭—白区间	Q_{max}	m^3/s	2 210	0.95	2.5	4 862	6 409	8 531	10 166	17 293	19 492
	$W_{24\,h}$	$\times10^4\ m^3$	6 580	0.95	2.5	14 476	19 082	25 399	30 268	61 786	69 643
	$W_{3\,d}$	$\times10^4\ m^3$	9 290	0.95	2.5	20 438	26 941	35 859	42 734	87 233	98 325
	$W_{7\,d}$	$\times10^4\ m^3$	12 220	0.9	2.5	26 273	34 216	44 970	53 279	106 901	120 245
昭平台水库	Q_{max}	m^3/s	3 546	0.9	2.5	7 624	9 929	13 049	15 461	25 850	29 077
	$W_{24\,h}$	$\times10^4\ m^3$	9 960	0.85	2.5	20 916	26 892	34 860	41 035	81 035	90 775
	$W_{3\,d}$	$\times10^4\ m^3$	15 030	0.8	2.5	30 661	39 078	50 050	58 467	113 266	126 432
	$W_{7\,d}$	$\times10^4\ m^3$	19 870	0.8	2.5	40 535	51 662	66 167	77 294	149 740	167 146

表 5.13 后期(秋季)设计洪水成果(8 月 11 日～9 月 30 日)

分区	项目	单位	均值	C_v	C_s/C_v	重现期					
						10 年	20 年	50 年	100 年	2 000 年	5 000 年
白龟山水库以上	$W_{24\,h}$	$\times10^4\ m^3$	10 000	0.9	2.5	22 000	29 000	38 600	46 000	93 900	105 840
	$W_{3\,d}$	$\times10^4\ m^3$	18 000	0.9	2.5	38 700	50 400	66 240	78 480	157 464	177 120
	$W_{7\,d}$	$\times10^4\ m^3$	24 000	0.85	2.5	50 400	64 800	84 000	98 880	195 264	218 736
昭—白区间	Q_{max}	m^3/s	1 550	1.1	2.5	3 627	4 976	6 836	8 293	14 756	16 771
	$W_{24\,h}$	$\times10^4\ m^3$	5 000	1.1	2.5	11 700	16 050	22 050	26 750	57 120	64 920
	$W_{3\,d}$	$\times10^4\ m^3$	7 200	1.05	2.5	16 488	22 392	30 384	36 720	77 242	87 610
	$W_{7\,d}$	$\times10^4\ m^3$	10 000	1	2.5	22 500	30 100	40 400	48 500	100 440	113 640
昭平台水库	Q_{max}	m^3/s	2 500	1	2.5	5 625	7 525	10 100	12 125	20 925	23 675
	$W_{24\,h}$	$\times10^4\ m^3$	7 000	1	2.5	15 750	21 070	28 280	33 950	70 308	79 548
	$W_{3\,d}$	$\times10^4\ m^3$	12 000	0.9	2.5	25 800	33 600	44 160	52 320	104 976	118 080
	$W_{7\,d}$	$\times10^4\ m^3$	15 000	0.9	2.5	32 250	42 000	55 200	65 400	131 220	147 600

设计洪水地区组成，仍采用《1979 年报告》各水库设计洪水，原则上以本水库入库洪水

为设计条件。对白龟山水库来讲，则有昭平台水库以上设计、昭—白区间相应和昭—白区间设计、昭平台水库以上相应，两种组合。

主汛期用年最大洪水，$N=2\ 000\sim5\ 000$年校核洪水过程线，均已经计入安全修正值。

5.2.2.8 分期汛期限制水位测算

分期汛期限制水位的测算原则为不影响昭平台、白龟山两水库的安全标准。即昭平台水库分期校核标准仍为5 000年一遇，白龟山水库分期校核洪水标准为2 000年一遇。

主汛期的汛期限制水位不变，仍采用102.0 m。

后期（秋季）设计洪水略小于原设计洪水，需重新测算汛期限制水位。测算时，昭平台水库汛期限制水位不变，仍采用169.0 m。

由于分期洪水与年最大洪水推算的洪水有些差别，水库控制运用方式有部分调整。见表5.14。

表5.14　秋季洪水调洪演算成果

洪水组合	重现期（年）	昭平台水库				白龟山水库			
		入库流量（m^3/s）	出库流量（m^3/s）	水位（m）	库容（$\times10^4\ m^3$）	入库流量（m^3/s）	出库流量（m^3/s）	水位（m）	库容（$\times10^4\ m^3$）
昭平台水库以上与白龟山水库以上同频率	10	5 625	300	173.03	35 961	3 056	600	103.3	32 262
	20	7 525	2 131	173.72	38 406	3 580	600	104.69	42 505
	50	10 100	2 441	174.61	41 664	6 310	3 000	105.28	47 370
	100	12 125	2 955	176.01	47 066	7 341	5 910	105.61	50 194
	2 000	20 925	12 270	180.05	64 484	17 586	6 801	107.77	71 183
	5 000	23 675	12 988	180.55	66 738	19 600	7 087	108.81	82 319
昭—白区间与白龟山水库以上同频率	10	4 496	300	171.9	32 177	3 927	600	103.89	36 379
	20	5 516	2 036	173.51	37 663	5 276	600	104.71	42 625
	50	6 901	2 093	173.61	38 020	7 186	3 000	105.34	47 866
	100	7 940	2 205	173.94	39 178	10 473	6 044	105.84	52 173
	2 000	14 686	3 408	177.38	52 708	18 092	7 097	108.84	82 673
	5 000	16 279	3 682	178.25	56 384	20 367	7 266	109.42	89 340
$H_{起调水位}$		167 m				103.4 m			
运用方式		$H\leqslant173.5$ m，控泄300 m^3/s； $H=173.5\sim179.8$ m，输水道、尧沟溢洪道全开； $H>179.8$ m，输水道、尧沟、杨家岭溢洪道全开				$H\leqslant105.2$ m，控泄600 m^3/s； $H=105.2\sim105.6$ m，控泄3 000 m^3/s； $H>105.6$ m，泄洪闸全开； $H>105.9$ m，泄洪闸全开，北干渠泄200 m^3/s			

后期（秋季）洪水之中，洪峰、24 h洪量不大。8月10日之后，汛限水位可以提高到103.4 m。统计后期洪水时，向前跨期10 d，样本中包含了3 d洪量最大值，成果是偏安全

的。表5.14中白龟山水库2 000年一遇洪水位107.77～108.84 m,远低于采用的校核洪水位109.56 m。5 000年一遇水位109.42 m,也低于109.56 m;昭平台水库5 000年一遇洪水位180.55 m低于采用的校核水位180.94 m,两座水库均满足要求。

总之,秋季(8月10日以后)将汛限水位提高1.4 m,昭平台、白龟山两座水库都是安全的。

鉴于白龟山水库原设计正常蓄水位103 m,后汛期汛限水位不宜超过正常蓄水位,仍采用103.0 m。

5.2.2.9 汛期分期的模糊统计方法

5.2.2.9.1 汛期时段划分

按照模糊理论,汛期是一个模糊概念,"汛期"具有确定性、随机性和中介过渡性规律。其本身有明确的概念和含义,与影响因素之间具有确定性因果关系,但它的出现与否、何时出现则表现出不确定性,"汛期"和"非汛期"之间存在过渡时期。客观上,汛前期过渡到主汛期,主汛期过渡到汛末期,汛末期再过渡到非汛期,都是连续的。

汛期作为一年时间论域 T 中的一个模糊子集 A,非汛期亦是一个模糊子集 A^-,用隶属函数来描述非汛期向汛期,汛期向非汛期过渡时期中任何一个时刻 $t(t\in T)$属于汛期特性的程度,用 $U_{a^-}(t)$描述属于非汛期的程度,隶属函数的取值范围:$0\leqslant U_a(t)\leqslant 1$,$0\leqslant U_{a^-}(t)\leqslant 1$,汛期划分的实际问题即确定描述汛期的中介过渡性和亦此亦彼的隶属函数形状或参数。

计算步骤如下:

(1)收集实测降雨过程作为试验集;

(2)定义一个进入汛期的降雨量标准 Y_t;

(3)对任何一年,根据大于或等于 Y_t 的起始时间 T_{1i} 和终止时间 T_{2i} 确定该年的汛期区间,为模糊集合 A 的一次试验结果,n 年得到 n 个试验结果,以 $T_i=[T_{1i},T_{2i}](i=1,2,3,4,\cdots,n)$表示一次试验结果为一次显影,$n$ 次试验结果得 n 次显影样本;

(4)在 T 论域上,某一时间 t 被汛期显影样本区间 T_i 覆盖的次数为 m_i,则时间 t 属于汛期模糊集 A 的隶属频率 $P_a(t)=m_i/n$,当 n 充分大时($n\to\infty$)得隶属度,即

$$U_a(t)=\lim_{n\to\infty}(m_i/n)=\lim P_a(t) \tag{5.1}$$

对于不同的时间 t 依次得隶属度,最后求得隶属函数。

白龟山水库区间流域有1964～1994年共31年的逐日降雨资料,从气候特征分析,6月份以前、9月份以后降雨较少,基本属于非汛期。因此,只以6月1日～9月30日作为分析本流域汛期变化规律的论域 T[6.1—9.30]。

从流域气象分析,9月底以后降中到大雨的可能性很小,6月1日以前亦如此,故选择汛期与非汛期分界的硬性指标 $Y_t=10$ mm/d,对任何一年,根据等于或大于 Y_t 的起始时间 t_1 和终止时间 t_2,确定该年汛期的区间$[t_1,t_2]$,即是汛期模糊集合 A 的一次试验结果,即一次显影样本。31年共得31个显影样本。认为以31个显影样本代替总体,计算任一时间 t 属于汛期模糊集 A 的隶属度。计算成果(见表5.15)绘制成隶属函数曲线,如图5.5所示。

由表5.16隶属函数确定分期结果可知,7月11日～8月11日应是主汛期,7月11日前为汛前期,8月11日之后为汛后期,与流域历史暴雨洪水对比,以上分期结果与流域洪水出现的规律一致,与俗称"七下八上"正好相吻合。

表 5.15　汛期模糊集合 A 的试验结果($Y_t=10$ mm)

序号	年份	($t_1\sim t_2$)(月·日～月·日)	序号	年份	($t_1\sim t_2$)(月·日～月·日)	序号	年份	($t_1\sim t_2$)(月·日～月·日)
1	1964	06.15～09.23	12	1975	06.21～09.29	23	1986	06.15～09.09
2	1965	06.30～09.04	13	1976	06.28～09.01	24	1987	06.05～09.02
3	1966	06.24～08.23	14	1977	06.24～09.14	25	1988	07.03～09.13
4	1967	06.19～09.29	15	1978	06.24～08.11	26	1989	06.03～08.18
5	1968	06.30～09.18	16	1979	06.18～09.23	27	1990	06.07～09.22
6	1969	06.04～09.26	17	1980	06.06～09.08	28	1991	06.13～09.22
7	1970	06.12～09.24	18	1981	06.08～09.28	29	1992	06.13～09.20
8	1971	06.02～08.23	19	1982	06.08～09.30	30	1993	06.03～08.23
9	1972	06.10～09.05	20	1983	06.11～09.22	31	1994	06.05～08.29
10	1973	06.09～09.27	21	1984	06.05～09.30			
11	1974	07.03～09.29	22	1985	07.11～09.21			

表 5.16　白龟山水库汛期隶属度 $U_a(t)$($Y_t=10$ mm)

日期	1日	2日	3日	4日	5日	6日	7日	8日	9日	10日	11日	12日	13日	14日	15日	16日
6月	0	0.03	0.10	0.14	0.23	0.26	0.29	0.35	0.39	0.42	0.45	0.48	0.55	0.55	0.61	0.61
7月	0.90	0.90	0.97	0.97	0.97	0.97	0.97	0.97	0.97	0.97	1.00	1.00	1.00	1.00	1.00	1.00
8月	1.00	1.00	1.00	1.00	1.00	1.00	1.00	1.00	1.00	1.00	1.00	0.97	0.97	0.97	0.97	0.97
9月	0.81	0.77	0.74	0.74	0.71	0.68	0.68	0.68	0.65	0.58	0.58	0.58	0.58	0.55	0.52	0.52
日期	17日	18日	19日	20日	21日	22日	23日	24日	25日	26日	27	28日	29日	30日	31日	
6月	0.61	0.64	0.68	0.68	0.71	0.71	0.71	0.81	0.81	0.81	0.81	0.84	0.84	0.90	—	
7月	1.00	1.00	1.00	1.00	1.00	1.00	1.00	1.00	1.00	1.00	1.00	1.00	1.00	1.00	1.00	
8月	0.97	0.97	0.94	0.94	0.94	0.94	0.94	0.84	0.84	0.84	0.84	0.84	0.84	0.81	0.81	
9月	0.52	0.52	0.48	0.48	0.45	0.42	0.35	0.29	0.26	0.26	0.23	0.19	0.16	0.16	—	

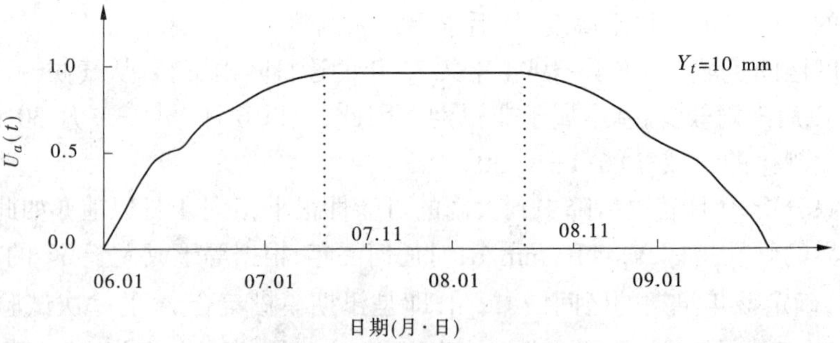

图 5.5　汛期隶属函数曲线

5.2.2.9.2　分期防洪限制水位确定

根据汛期模糊子集隶属函数，推求各分期的逐时段防洪限制水位，假定任一时刻 t 所需要的校核标准防洪库容与主汛期所需要的校核标准防洪库容之比等于该时间的汛期隶属

度，即

$$U_a(t)_{c2} = V_{c2}(t)/V_c \tag{5.2}$$

则

$$V_{c2}(t) = U_a(t)_{c2} \cdot V_c$$

式中：V_c 为水库的校核防洪库容；$V_{c2}(t)$为 t 时间水库需预留的防洪库容。

主汛期汛限水位以上容许超蓄水量，有

$$W_{c2}(t) = V_c - V_{c2}(t) = [1 - U_a(t)_{c2}]V_c \tag{5.3}$$

由主汛期防洪限制水位 Z_e，相应的库容为 V_e，据 $W_{c2}(t) + V_e$ 库容查水位库容关系曲线，求得 t 时间的汛限水位，白龟山水库分期汛限水位成果见表 5.17。

表 5.17　白龟山水库分期汛限水位成果（$Y_t = 10$ mm）

日期(月·日)	$U_a(t)$	$1-U_a(t)$	③×47 569	④+20 320	Z
①	②	③	④	⑤	⑥
06.01	0	1.00	47 569	32 095	103.00
06.05	0.23	0.77	36 628	32 095	103.00
06.10	0.42	0.58	27 590	32 095	103.00
06.15	0.61	0.39	18 552	32 095	103.00
06.20	0.68	0.32	15 222	32 095	103.00
06.25	0.81	0.19	9 038	29 358	102.58
06.30	0.90	0.10	4 757	25 077	101.88
07.05	0.97	0.03	1 427	21 747	101.28
07.10	0.97	0.03	1 427	21 747	101.28
07.15	1.00	0	0	20 320	101.00
07.20	1.00	0	0	20 320	101.00
07.25	1.00	0	0	20 320	101.00
07.31	1.00	0	0	20 320	101.00
08.05	1.00	0	0	20 320	101.00
08.10	1.00	0	0	20 320	101.00
08.15	0.97	0.03	1 427	21 747	101.28
08.20	0.94	0.06	2 854	23 174	101.55
08.25	0.94	0.06	2 854	23 174	102.34
08.31	0.81	0.19	9 038	29 358	102.58
09.05	0.71	0.29	13 795	32 095	103.00
09.10	0.58	0.42	19 979	32 095	103.00
09.15	0.52	0.48	22 833	32 095	103.00
09.20	0.48	0.52	24 736	32 095	103.00
09.25	0.26	0.74	35 201	32 095	103.00
09.30	0.06	0.94	44 715	32 095	103.00

由汛期隶属度求汛限水位，已知主汛期防洪限制水位 $Z_e = 101.00$ m，相应库容 $V_e = 20\ 320 \times 10^4\ m^3$，兴利蓄水位 103.00 m，相应库容 $32\ 095 \times 10^4\ m^3$，校核标准最高洪水位

$Z_{pmf}=107.37$ m，相应库容 $V_{pmf}=67\ 889\times10^4$ m^3，需最大防洪库容 $V_c=V_{pmf}-V_e=47\ 569\times10^4$ m^3，计算 t 时间汛限水位相应库容量值，并查求 t 时间相应汛限水位值，以兴利蓄水位 103.00 m 控制，计算值不能大于 103.00 m 所对应的库容量 32 095×10^4 m^3。

从以上计算结果看，主汛期是从 7 月 11 日～8 月 11 日，汛限水位从 6 月 20 日～7 月 11 日逐渐降至 101.00 m；7 月 11 日～8 月 11 日为 101.00 m；8 月 11 日以后抬高，至 8 月 20 日已抬高 0.55 m，于 9 月上旬抬高到兴利蓄水位。与原控制标准相比，汛前期可少弃水 1 400×10^4 m^3，汛后期可提前多蓄水 2 800×10^4 m^3。

5.2.2.9.3 分期控制运用与不分期运用对比分析

白龟山水库的兴利水位为 103.00 m，原汛期限制水位为 101.00 m，在此以 1993～1996 年汛期运用情况作以下分析：

1993 年实际调度是按原运用计划控制的，6 月 21 日前弃水 6 649×10^4 m^3，水位控制在 101.00 m。而汛期少雨干旱，库水位一直下降，至汛末为 100.01 m，蓄水量为 15 710×10^4 m^3。若按分期方案运用，7 月 11 日库水位控制在 101.00 m，减少弃水，汛末蓄水位可达到 100.37 m。

1994 年由于蓄水量少，6 月 1 日库水位仅为 98.51 m，因持续无雨，来水少，用水量大，库水位持续下降，6 月 24 日库水位达年最低水位 98.25 m。低于工业用水保证水位 98.30 m，农业用水受到限制。若按分期方案运用，最低水位可提高到 98.57 m，工、农业用水都可得到保证。7 月份发生降雨，至 8 月 11 日，库水位达 101.65 m，超蓄 0.65 m，没有弃水，8 月 21 日库水位达 101.80 m，至汛末逐步升至 102.37 m。若按原计划运用，8 月 21 日控制在 101.00 m，则汛末蓄水只能达到 101.64 m。

1995 年汛前没有弃水，水位按分期控制，至 7 月 11 日为 101.23 m，比分期计划高 0.23 m，8 月 21 日蓄至 102.04 m，汛末达兴利水位，并有部分弃水。若按原计划运用，汛前将弃水 3 372×10^4 m^3，而 7 月 11 日库水位将下降至 100.54 m，低于汛限水位 101.00 m。8 月 21 日若按 101.00 m 控制，由于后期来水较多，汛末库水位也可蓄至 103.0 m。

1996 年汛前按河南省防汛抗旱指挥部办公室要求，库水位控制在 101.00 m，7 月 11 日水位为 101.14 m，比分期计划高 0.14 m，没有弃水，因预报 8 月 21 日以后无明显降雨，所以提前拦蓄，至 8 月 21 日，超蓄至 102.36 m，而 9 月份发生一次较大降雨，来水量超过兴利需要，发生弃水。若按原计划控制，汛末也可蓄至 103.00 m。

对 1993 年和 1994 年，按分期控制运用，汛前减少弃水，汛后提前抬高水位对保证用水、提高蓄水保证率都有显著的作用。在 1995 年和 1996 年当年的 8 月 21 日以后均发生了较大的降雨过程，加上上游水库泄流，来水量较大，对汛后蓄水很有利。分期控制和原计划运用都可实现汛末蓄水达兴利水位。如果 8 月 21 日以后降雨偏少，上游水库泄流受限，按原计划运用，汛末蓄水到 103.0 m 是有困难的。只有分期控制才能保证汛后蓄水。

从以上分析可以看出：根据预报，若 8 月 1 日至 8 月 21 日无明显降雨，8 月 11 日可提前适当抬高水位，以保证后期蓄水。如果 8 月 21 日以后有降雨，或上游水库泄流充足，按原计划运用，汛末也可望接近兴利水位。可视上游水库蓄水情况和后期降雨预报，少抬高或不抬高控制水位。否则，需按分期控制提前抬高水位，并适当超蓄。从历年运用情况看，1980 年以来，汛期库水位低于 100.5 m 的有 5 年，低于 98.30 m 的有 2 年，10 月 1 日库水位低于 102.5 m 的有 7 年，如果按分期控制运用，都可以提高到保证值或计划值。

5.2.2.9.4 频率计算和模糊统计两种方法对比

用频率计算方法求分期洪水，经两库调洪计算推求分期汛限水位，模糊统计方法是依据该地区暴雨洪水的密切关系（洪水由暴雨形成，来水与降雨关系密切）对雨量进行分析，本文采用原计算结果（只分析了昭—白区间，雨量系列从1964～1994年，白龟山水库主汛期限制水位按实际控制值101.0 m进行计算）作为参照对比，两种方法的分期结果是基本一致的，分期汛限水位可以采用以频率法为主，在主汛期102.0 m基础上推算的结果。

5.3 利用降雨预报信息及洪水预报信息的可行性

5.3.1 白龟山流域暴雨成因及气象台灾害性暴雨预报服务水平分析

5.3.1.1 白龟山流域暴雨成因分析

白龟山水库以上流域天气形势资料来源于中央气象台历史天气图汇编。统计、查询气象资料的时间为1980～2000年5～8月份，平顶山市、鲁山县、叶县、宝丰县、汝州市5县（市）的气象台观测资料。五县（市）的气象台的地理位置分别为：平顶山市，北纬33°43′，东经113°13′，海拔84.7 m；汝州市，北纬34°11′，东经112°50′，海拔212.9 m；宝丰县，北纬33°53′，东经113°03′，海拔136.4 m；鲁山市，北纬33°45′，东经112°53′，海拔145.7 m；叶县，北纬33°38′，东经113°22′，海拔83.4 m。

白龟山水库流域大到暴雨日对应的天气类型比较多，但出现频率不一，针对大到暴雨产生的日对应的天气类型可将其归纳为4个主要类型和一个其他型，它们分别为：黄淮切变型或黄淮切变低涡型；南北切变型或南北切变低涡型；低槽冷锋型；台风倒槽型或台风低压型及台风低压倒槽型；其他型即偏南气流型、西南气流型、西南涡型、华北冷涡型等。

通过对历史资料图表的查询分析统计，共有201个大到暴雨日，从中可知，有多种天气类型都可能使平顶山地区产生大到暴雨，并且各个大到暴雨日的雨量也明显不同，有些天气类型所对应的雨量相对较大，但就同一类型，由于所处的大气环流背景不同，所产生的降水强度也有较大的差异。各主要天气类型在大到暴雨日所占的比例（见表5.18）如下：黄淮切变型或黄淮切变低涡型共109个，占54%，一日最大降水量为235 mm，1998年6月29日出现在叶县；南北切变低涡型或南北切变低涡型共37个，占18%，一日最大降水量为203 mm，1991年7月17日出现在鲁山县；低槽冷锋型共19个，占10%，一日最大降水量为154.8 mm，1984年5月12日出现在鲁山县；台风倒槽型或台风低压型及台风低压倒槽型共15个，占8%；其他类型共21个，占10%，一日最大降水量为158 mm，1982年8月14日出现在宝丰县。

表5.18 平顶山地区大到暴雨天气类型月统计

月份	低槽冷锋型	黄淮切变低涡型	黄淮切变型	南北切变低涡型	南北切变型	台风低压倒槽型
5月	4	9	4	3	4	0
6月	5	12	6	3	5	0
7月	6	22	21	3	12	3
8月	4	19	16	2	5	5

5.3.1.2　**气象台灾害性暴雨预报服务内容与水平简介**

中央、省、地气象台(包括欧洲和日本气象中心)目前提供的暴雨预报服务主要项目有:

(1)每天19:30通过电视向公众发布未来24、48、72 h中国49个主要地市天气预报(包括降雨量级预报)。

(2)每日发布两次天气公报,预报影响中国的天气系统移动趋势,预报其未来24、48、72 h影响的区域范围与程度,每天实况。

(3)每日8:00、14:00、20:00时发布未来5～10 d内间隔6～12 h地面与高空不同层面的数值预报图。

(4)每日2:00、8:00、14:00、20:00时发布未来5～10 d内间隔6 h降雨等值线图。

(5)每日间隔1 h左右发布一次卫星云图。

(6)每日2:00、8:00、14:00、20:00时发布未来24、48、72 h台风(或热带气旋)中心移动的经纬度、中心强度变化数值及图。

①预报服务实例。

2001年广东省阳江市6月份的灾害性特大暴雨预报、实况比较。

预报情况:

2001年6月6日中央气象台第44期“天气公报”:预计6～8日,华南和江南等地的部分地区的降雨量有30～60 mm,局部地区可达70～120 mm;预计8～11日江南、华南等地将有大到暴雨,部分地区的降雨量有60～90 mm,局部地区可达100～150 mm;预计11～14日江南和华南的局部地区有80～120 mm。

欧洲气象中心发布6月6日8时(图中是GMT时间,以下同)预报7日2～8 h降雨量。由图5.6可知,预报降雨强度>40 mm/6 h,日雨量>160 mm/24 h。

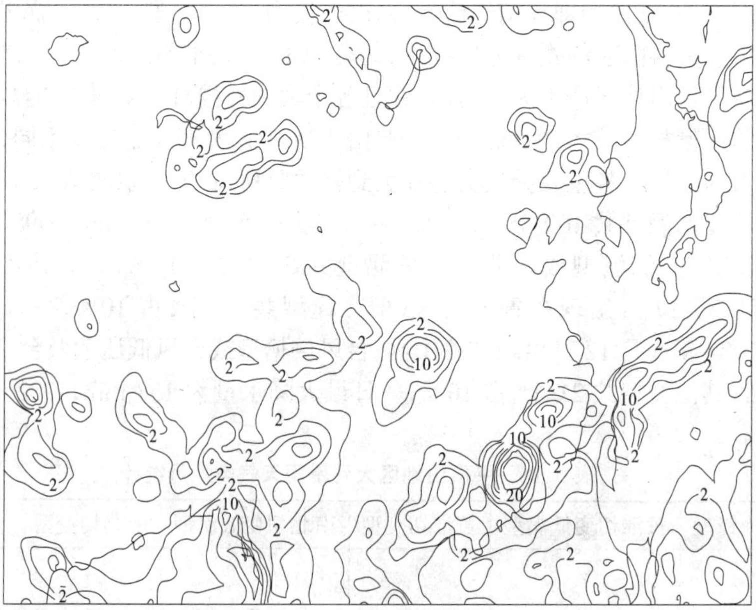

图5.6　2001年6月6日8时欧洲气象中心发布预报降雨量等值线

实况：

图5.7是2001年6月7日2时卫星云图。6月8日第45期“天气公报”：两天总降雨量大于100 mm的地点有广东台山112 mm、深圳205 mm、汕尾144 mm、阳江394 mm、上川岛218 mm。6月11日第46期“天气公报”：江南华南等地仍有暴雨和大暴雨，降雨量大于150 mm的地点有湖南南岳165 mm、广东佛冈229 mm、深圳174 mm、阳江588 mm、广西融安202 mm、贵州罗甸151 mm。造成特大洪涝灾害，阳江市7个区(县、市)的36个镇受灾，受灾人口78.9万人，直接经济损失2.56亿元。

图5.7　2001年6月7日2时卫星云图

②通过上述事例分析结论是：气象部门灾害性天气预报服务产品是可利用的。近些年来，数值预报模型并结合卫星云图跟踪，预报精度已有很大提高。以下章节将详细分析白龟山以上流域各气象台站降雨预报精度。

5.3.2　白龟山以上流域各气象台站降雨预报信息的精度分析

5.3.2.1　降雨预报与实际信息选择

经分析白龟山水库1966年建库至2001年洪峰大于1 000 m^3/s洪水的实测暴雨特征发现：峰前大于5 mm的降雨历时平均小于24 h，发生时间在6月中旬～9月初。

为客观反映气象部门近些年的降雨预报理论与技术发展水平，且与白龟山水库汛限水位动态控制实施期一致，选用平顶山、宝丰、鲁山3个气象站1997～2002年6、7、8、9四个月的未来24 h降雨预报资料和白龟山流域平均日降雨量资料(共700 d)进行精度分析。

5.3.2.2　未来 24 h 降雨预报的精度分析

5.3.2.2.1　精度分析内容与方法

1)精度分析内容

尊重气象部门的习惯,按照降水等级表 5.19,参考文献[1]应用统计学的方法,分析平顶山市气象台及白龟山流域未来 24 h 不同等级降雨预报的确率、漏报率、空报率。从防洪安全角度出发,还重点分析某一量级降雨预报条件下实际发生降雨量的频率分布规律。

表 5.19　24 h 降水等级

等级	无雨	小雨	中雨	大雨	暴雨	大暴雨
值域(mm)	0	0.1～10	10.1～25	25.1～50	50.1～100	100.1～200

2)精度分析方法

不同等级降雨量预报确率的计算公式为

$$\eta = (n/m) \times 100\% \tag{5.4}$$

式中:m 为发布预报次数;n 为实际值落于预报等级区域内的次数。

不同等级降雨量漏报率的计算公式为

$$\beta = (u/m) \times 100\% \tag{5.5}$$

式中:m 为发布预报次数;u 为发布预报中漏报(实际降雨大于等级阈值上限,即:$P_r > P_f$)的次数。

不同等级降雨量空报率的计算公式为

$$k = [1 - (\beta + \eta)] \times 100\% \tag{5.6}$$

某一量级降雨预报条件下实际发生降雨量的频率分布规律,采用频率分析法计算。应用“柯尔莫哥洛夫准则”统计检验了丰满气象台漏报误差分布规律,符合偏态 P－Ⅲ型。由表 5.20 统计结果可以看出,以确率为中心,空报率>漏报率,3 个气象台降雨预报的实际各级降雨发生频次分布属偏态型。采用矩法估计其统计参数的公式为

$$\bar{x} = \frac{1}{n}\sum_{i=1}^{n} x_i \tag{5.7}$$

$$C_v = C_v{}'\sqrt{\frac{n}{n-1}} = \sqrt{\frac{\sum_{i=1}^{n}(K_i - 1)^2}{n-1}} \tag{5.8}$$

$$C_s = nC_v \tag{5.9}$$

式中:x_i 为对应某级预报的实际降雨值;n 为样本容量;$\bar{x}$ 为期望值;$K_i = x_i/\bar{x}$ 为模比系数;C_v 为偏差系数;C_s 为偏态系数。

5.3.2.2.2　精度分析的初步成果

按照式(5.4)～式(5.6)统计流域平均未来 24 h 5 个等级降雨预报的实际发生量级的分布,确率、漏报率、空报率的计算结果列入表 5.20。

表 5.20 未来 24 h 各级降雨预报精度分析(流域平均)

预报量级	统计项目	预报次数	实际降雨频次及频率					确率	空报率	漏报率
			<0.1	0.1~10	10~25	25~50	>50	%	%	%
5 级总计次数		700								
无雨	发生频次	404	358	42	3	0	1	358	—	46
	频率(%)		88.6	10.4	0.7	0.0	0.3	88.6	—	11.4
小雨	发生频次	229	114	88	23	2	2	88	114	27
	频率(%)		49.8	38.4	10.0	0.9	0.9	38.4	49.8	11.8
中雨	发生频次	10	0	3	6	1	0	6	3	1
	频率(%)		0	30	60	10	0	60	30	10
大雨	发生频次	17	0	7	5	2	3	2	12	3
	频率(%)		0.0	41.2	29.4	11.8	17.6	11.8	70.6	17.6
暴雨	发生频次	40	3	8	10	11	8	8	32	—
	频率(%)		7.5	20.0	25.0	27.5	20.0	20.0	80.0	—

5.3.2.2.3 初步结论

(1)5 个预报量级对应的实际降雨量级经验频率分布属于偏态型,以确率为中心,空报率>漏报率,即除无雨预报以外,其他量级有“预报偏大”的倾向,这不能排斥预报员的心理因素影响,从防洪安全角度,6~9 月防汛期间预报偏大是可以接受的。

(2)无雨预报的确率近 88.6%,漏报率近 11.4%,并且发生中雨的频率仅有 0.7%,发生大雨以上的频率为 0.3%,所以其结果可利用。

(3)小雨预报确率为 38.4%,空报率为 49.8%,漏报率为 11.8%,即发生小雨及以下的概率较大,为 88.2%,其结果可利用。

(4)就目前提供的资料看,中雨以上量级的发布次数小于 100,暂时可不用其数值分析的结果。

5.3.2.3 各级降雨量的频率分布规律

5.3.2.3.1 分析各级降雨量频率分布规律目的

为使汛限水位动态控制建立在安全可靠的基础上,即能够回答“接到不同量级降雨预报信息是否加大泄量”的问题,还需要进一步分析某一量级降雨预报条件下实际可能发生各级降雨量的频率分布规律,给决策者提供“外延”信息。

5.3.2.3.2 特殊点处理

在无雨预报中,1998 年 6 月 28 日预报无雨,平顶山、宝丰、鲁山 3 气象站平均降雨 78.0 mm。实际分布状态是,宝丰县站 45.2 mm 在水库流域外;平顶山市站 141.2 mm 在水库下游;真正在流域中的站是鲁山县站 47.6 mm,这站具有代表性,见表 5.21。我们认为这场降雨过程已预报出来,只是降雨起讫时间存在一定误差。这场降雨分布很不均,且考查流域内的降雨也很不均,熊背、达店、澎河、白村站点附近流域降雨偏大,其余地方降雨偏小。类似 1998 年 6 月的这场雨,天气变化比较复杂,降雨不稳定,且未到主汛期,对防洪安全影响不大,因此这场雨在统计分析时可不作为重点考虑。

表 5.21 预报"无雨"而实际发生特大值的情况 (单位:mm)

日期(年·月·日)	预报	平顶山	宝丰	鲁山	平均
1998.06.26	无雨	0	0	0	0
1998.06.27	无雨	0	0	0	0
1998.06.28	无雨	141.2	45.2	47.6	78.0
1998.06.29	无雨	0.4	0	0.5	0.3
1998.06.30	暴雨	17.8	21.6	20.9	20.1

5.3.2.3.3 统计参数估算及结果

以各级降雨预报对应的实际降雨量为样本,利用式(5.7)及式(5.8)估算统计参数 $\bar{x}$ 与 C_v。由于样本容量较小,用适线法定 C_s 值,C_s 一般采用 C_v 的一定倍数。由于中雨以上量级样本容量太小,不参与频率计算。只对无雨、小雨进行计算适线。经过适线确定的参数列入表 5.22。

表 5.22 24 h 无雨、小雨预报实际降雨分布的统计参数(流域平均)

统计参数	N	$\bar{x}$	C_v	C_s/C_v
无雨	404	1.1	3.2	2
小雨	229	3.8	2.5	2.5

其中,无雨预报实际可能发生降雨量(流域平均)的频率分布及统计参数适线图如图 5.8 所示,小雨预报实际可能发生降雨量(流域平均)的频率分布及统计参数适线图如图 5.9 所示。

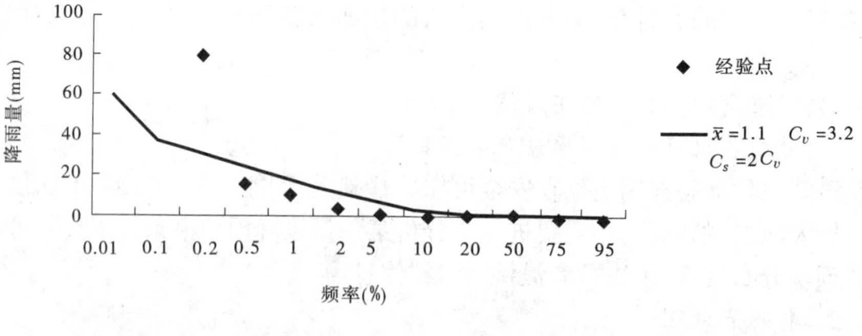

图 5.8 24 h 无雨预报实际可能发生降雨量(流域平均)的频率分布图

5.3.2.3.4 分级降雨预报所对应的降雨量频率分布

当预报未来 24 h 为无雨(或小雨)时,由表 5.22、图 5.8 和图 5.9 可求得任一降雨量所发生的频率。对各量级的降雨预报做类似的计算,未来 24 h 可能发生降雨值的频率分布列入表 5.23。

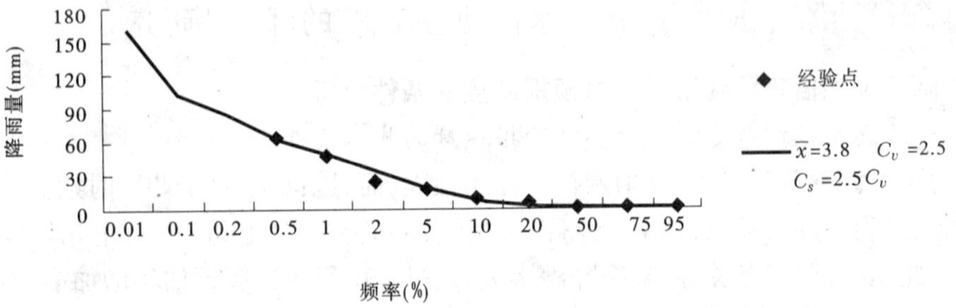

图 5.9 24 h 小雨预报实际可能发生降雨量(流域平均)的频率分布图

表 5.23 未来 24 h 各级降雨预报实际降雨量频率分布(流域平均)

发生频率(%)	0.01	0.05	0.1	0.2	0.5	1	2	5	10	20	50	75	95
预报无雨(mm)	59.6	44.6	37.6	31.4	23.3	17.7	12.4	6.4	2.9	0.7	0.0	0.0	0.0
预报小雨(mm)	160.1	120.2	101.7	84.9	63.7	48.5	34.4	18.3	8.8	2.9	0.8	0.8	0.8

5.3.2.3.5 分级降雨预报的降雨量频率分布的可利用信息

预报降雨量的频率分布,可为水库汛限水位动态控制提供许多有用的信息。

因中雨以上量级预报次数太少,所以暂不单独作频率分析。表 5.24 列出暴雨预报与降雨量实况比较,以供参考。

表 5.24 暴雨预报与实况比较(暴雨等级:50.1~100.0 mm)

日期(年·月·日)	降雨实况(mm)	日期(年·月·日)	降雨实况(mm)
1997.06.06	18.3	2000.07.04	19.9
1997.06.29	13.5	2000.07.05	23.1
1997.07.02	0	2000.07.12	19.4
1997.07.03	4.6	2000.07.13	20.4
1997.07.16	35.8	2000.07.14	20.0
1998.06.30	20.1	2000.07.27	0
1998.07.15	25.2	2000.08.03	65.8
1998.08.03	46.8	2000.08.04	94.8
1998.08.06	58.2	2000.08.08	2.4
1998.08.09	9.1	2000.08.18	0
1998.08.14	41.1	2000.09.04	26.8
1999.06.14	1.2	2001.07.02	6.7
1999.07.04	156.4	2001.07.27	34.6
1999.07.05	30.4	2001.07.29	28.4
1999.07.06	0.2	2002.06.08	10.3
2000.06.01	51.4	2002.06.21	56.1
2000.06.02	40.1	2002.06.26	32.1
2000.06.24	156.3	2002.07.22	20.7
2000.06.25	39.3	2002.07.23	4.0
2000.07.03	134.5	2002.08.24	0.5

5.3.3 降雨预报信息应用于“汛限水位动态控制”的可行性研究

5.3.3.1 降雨预报信息可利用于实时预报调度的条件分析

5.3.3.1.1 降雨预报信息可利用于实时预报调度的基本条件

从实时预报调度角度来说，降雨预报的作用很大，而且贯穿于整个调度时期。为了保证防洪安全，充分利用洪水资源，白龟山水库调度较关心的是7月上旬～9月上旬期间的降雨预报信息。此期间，调度者关心“未来降雨多大，通过降雨径流计算预估将增加多少水量，库水位会上升多高，能否超过汛限水位，是否需要弃水，放流多少合适”等问题。通过以上分析表明，目前气象部门不能提供“未来降雨多大”的准确量值预报信息，还有较大的误差，所以调度中的问题难以确切回答。

这样的降雨量预报水平能否应用，通常需要结合各水库调度情况作具体研究。经分析白龟山水库多年调度特征及不同设计频率洪水折合可抗御降雨量(见表5.25)，可归纳出降雨预报信息可利用于实时预报调度的基本条件：

(1)本水库有下游防洪任务，若气象部门降雨漏报后发生的降雨量小于水库下游防洪标准的可抗御降雨能力，则气象部门降雨信息可以利用，且无风险。

(2)从水库工程安全出发，如果气象部门降雨漏报后发生的降雨量小于水库校核标准洪水的可抗御降雨能力，则气象部门降雨信息可以利用，且无风险。

表5.25 白龟山水库各种设计洪水折合可抗御降雨量

设计频率(%)	0.05	1	2	5
7 d洪量 $W_{7\mathrm{d}}(\times 10^6\ \mathrm{m}^3)$	1 773.4	1 118.1	962.3	760.7
折径流 R(mm)	647	408	351	278
折降雨 P(mm)	662	423	366	293

注：特大洪水降雨损失较少，皆取15 mm，即 $P=R+15$。

5.3.3.1.2 未来24 h降雨预报信息用于白龟山水库实时调度的可行性

从气象部门的降雨预报水平看(见表5.23)，预报无雨，漏报可能发生大暴雨(100.1～200 mm)的频率远小于0.01%；预报小雨，漏报可能发生大暴雨(100.1～200 mm)的频率一般为0.1%～0.01%。

另外，1980～2000年近20年间实际201个大到暴雨日，发生日降水量超过200 mm的只有2次：日最大降水量为235 mm，1998年6月29日出现在叶县；日最大降水量为203 mm，1991年7月17日出现在鲁山县。而白龟山水库可抗御洪水能力较大，见表5.25所列信息。因此，利用平顶山5县(市)气象台未来24 h降雨预报信息是安全可行的。

5.3.3.2 降雨预报信息用于“汛限水位动态控制”的可行性分析

5.3.3.2.1 降雨预报信息用于“汛限水位动态控制”的关键时期分析

每发生一场大洪水，当水库从最高水位(高于兴利蓄水位)下降时，气象部门发布的降雨预报信息给调度决策者提出了问题：“若预报有雨，则库水位是否急剧下降至汛限水位？若预报无雨，可否缓慢下降至汛限水位或控制在兴利蓄水位？这会给安全带来什么问题”等。通过分析白龟山水库建库正常运行以来的洪水特征(见表5.28)可以看出，每发生一场大洪水，水库从最高水位(高于兴利蓄水位)下降时期，是利用降雨预报信息“动态控制汛限水位”的关键时期。

5.3.3.2.2　关键时期利用降雨预报信息的可行性分析

(1)分析依据的降雨资料。由表5.23白龟山水库24 h无雨(小雨)预报流域平均实际降雨量及对应的频率数据，分别添入表5.26与表5.27的①、②列。

表5.26　无雨预报误差对汛限水位动态控制的影响分析

频率(%)	绝对误差(mm)	折总水量($\times10^6$ m^3)	第1天入库量($\times10^6$ m^3)	103.0 m起调，第1天末至103.50 m(差33.52×10^6 m^3)，余量按半天下泄，需增加泄流量(m^3/s)		保持103.50 m水位，后三天应增加泄流量		
						尚余水量($\times10^6$ m^3)	增泄流量(m^3/s)	调洪最高水位(m)
①	②	③	④	⑤	⑥	⑦	⑧	⑨
0.01	59.6	44.50	25.81	−7.71	0	10.98	42.4	103.50
0.05	44.6	33.30	19.32	−14.20	0	−0.26	0	103.50
0.1	37.6	28.08	16.29	−17.23	0	−5.44	0	103.40
0.2	31.4	23.45	13.60	−19.92	0	−10.07	0	103.35
0.5	23.3	17.40	10.09	−23.43	0	−16.12	0	103.27
1	17.7	13.22	7.67	−25.85	0	−20.30	0	103.20
2	12.4	9.26	5.37	−28.15	0	−24.26	0	103.15
5	6.4	4.78	2.77	−30.75	0	−28.74	0	103.07
10	2.9	2.17	1.26	−32.26	0	−31.35	0	103.03
20	0.7	0.52	0.30	−33.22	0	−33.00	0	103.01
50	0	0.00	0.00	−33.52	0	−33.52	0	103.00

(2)“考虑降雨预报误差”的调度起用条件。面临水位降为拟定的动态控制汛限水位上限值103.0 m(兴利蓄水位)，虽然溢洪道闸门已关闭，但仍用底孔泄流，其出流量为50 m^3/s<600 m^3/s (20年一遇洪水安全泄量)，且入不抵出，水位将继续下降。

(3)“考虑降雨预报误差”的调度原则。控制调洪最高水位<103.50 m(低于全赔高程0.5 m，留有余地)；降雨预报发生漏报后，水库调洪最大泄量小于等于600 m^3/s。

(4)无雨及小雨预报误差对汛限水位动态控制的影响分析方法。

根据降雨预报误差所增加的入库水量，计算水库下泄流量的变化值，从而分析无雨及小雨预报误差对汛限水位动态控制的影响。其方法步骤为：

①将降雨预报误差ΔP折合成入库水量$W_{\Delta P}$；

②由统计的第1天的入库水量占总入库水量的平均比例b，求得第1天的入库水量$W_{\Delta P1}=W_{\Delta P}\times b$；

③起调水位103.0 m，第1天末的调洪最高水位103.50 m，计算第1天多余水量；

④考虑留有余地，求第1天多余水量按半天泄出所引起的下泄流量的增值；

⑤第2～5天末，保持库水位103.50 m，求这4天内水库下泄流量的增值；

⑥根据水库下泄流量的增值，分析判断无雨及小雨预报误差对汛限水位动态控制的影响。

具体计算见表5.26与表5.27。表中，列③=②×流域面积×a(流域面积1 310 km^2，径流系数$a=0.57$)；列④=③×b(建库以来洪水统计的第1天量占总量比的平均数$b=$

0.58)；列⑤＝④－33.52×10^6 m^3；列⑥＝⑤/43 200 s，若⑤为负值，则⑥为0；若⑤为正，则列⑦＝③－④，若⑤为负，则⑦＝③－33.52×10^6 m^3；若⑦为正，则列⑧＝⑦/259 200 s，当⑦值为负，则第⑧列为零；⑨可能达到的最高水位值：据103.0 m相应库容＋列③水量，再查水位库容关系求得，但要求小于等于103.50 m。

表5.27　小雨预报误差对汛限水位动态控制的影响分析

频率(%)	绝对误差(mm)	折总水量(×10^6 m^3)	第1天入库量(×10^6 m^3)	103.0 m起调，第1天末至103.50 m(差33.52×10^6 m^3)，余量按半天下泄，应增加泄流量(m^3/s)		保持103.50 m水位，后三天应增加泄流量		
						尚余水量(×10^6 m^3)	增泄流量(m^3/s)	调洪最高水位(m)
①	②	③	④	⑤	⑥	⑦	⑧	⑨
0.01	160.1	119.55	69.34	35.82	829	50.21	194	103.5
0.05	120.2	89.75	52.05	18.53	429	37.70	145	103.5
0.1	101.7	75.94	44.05	10.53	244	31.89	123	103.5
0.2	84.9	63.39	36.77	3.25	75.2	26.63	103	103.5
0.5	63.7	47.56	27.59	－5.93	0	14.04	54.0	103.5
1	48.5	36.21	21.00	－12.52	0	2.69	10.0	103.5
2	34.4	25.69	14.90	－18.62	0	－7.83	0	103.48
5	18.3	13.66	7.92	－25.60	0	－19.86	0	103.21
10	8.8	6.57	3.81	－29.71	0	－26.95	0	103.10
20	2.9	2.17	1.26	－32.26	0	－31.35	0	103.04
50	0.8	0.6	0.35	－33.17	0	－32.92	0	103.00
75	0.8	0.6	0.35	－33.17	0	－32.92	0	103.00
0.01(103.0 m起调)	160.1	119.55	69.34	35.82	829	50.21	194	103.5
0.01(102.8 m起调)	160.1	119.55	69.34	35.82	530	50.21	194	103.5

注：12 h或24 h后可知降雨漏报信息，故将4 d洪量折3 d下泄；103.50 m调洪最高水位约束。

5.3.3.2.3　结论

如果调度决策者接到“暴雨或大暴雨预报”信息后，要在满足下游安全泄量要求前提下加大泄流，尽量降低面临时刻库水位到动态控制水位下限值；根据复核的设计洪水及预报调度方式研究结果，证明此时只要面临时刻库水位在极限允许动态控制范围内，水库及上、下游防洪都是安全的。

总之，汛限水位动态控制关键时期的平顶山5县(市)气象台未来24 h降雨预报信息是可利用的。

5.3.4　洪水预报方案应用于汛限水位动态控制的可行性分析

5.3.4.1　汛限水位动态控制的条件及最适宜时间分析

5.3.4.1.1　汛限水位动态控制的条件

通过分析白龟山水库1966年建库以来洪水及调度的主要特征见表5.28，可得到如下结论：洪水预报方案的洪峰及峰现时间预报不是汛限水位动态控制的必要条件；而"预报洪水总量"是汛限水位动态控制的条件。即峰后退水期当"面临时刻水位的库容量"与"未来的入库水量扣除正常消耗量的水量"之和"超过汛限水位动态控制范围的下限水位"，且水库闸门具有控制能力，便具备汛限水位动态控制的条件。

上述结论可用推理语言描述：

若

$$F[V(Z_{面}) + (W_{入} - aw_{耗})] > Z_{下}, 且\ Q_{入}(Z_{下}) < q(Z_{下})$$

则具备汛限水位动态控制的条件。

式中：$Z_{面}$ 为面临时刻水位；$W_{入}$ 为未来的入库水量；$aw_{耗}$ 为正常消耗水量；$Z_{下}$ 为汛限水位动态控制范围的下限水位；F 为库容水位关系；V 为水位库容关系。

从上述的条件分析不难看出，评价洪水预报方案应用于汛限水位动态控制的可行性时，应该重点评价"入库水量"预报精度。

表 5.28 白龟山入库洪峰大于 1 000 m³/s 的洪水特征及防洪调度分析

洪 号	2000.07.12	1991.07.13	1998.06.25	1990.07.24	1991.08.30	1995.07.21
一次洪水总量($\times 10^6$ m³)	334.77	146.76	131.18	114.57	57.75	132.47
峰后第 2 天水位(m)	100.98	101.53	101.99	100.9	102.14	102.76
相应库容($\times 10^6$ m³)	184.84	215.65	238.49	183.42	249.90	286.33
距 103 m 库容差($\times 10^6$ m³)	117.02	86.21	63.37	118.44	51.96	15.53
距 102.6 m 库容差($\times 10^6$ m³)	92.44	61.63	38.79	93.86	27.38	-9.05
退水余量($\times 10^6$ m³)	94.38	41.67	63.76	61.71	34.08	34.33
可蓄至水位(m)	102.63	102.28	103.0	102.08	102.71	103.0
实际最高水位(m)	102.33	101.53	101.99	101.35	102.62	102.76

注：这些是建库 32 年以来的弃水年份实际洪水调度情况，利用峰后退水余量 70% 可蓄至汛限水位上限与兴利蓄水位之间，100% 高于汛限水位动态控制的下限，所以汛限水位动态控制应在退水期。

5.3.4.1.2 汛限水位动态控制的最适宜时间

汛限水位动态控制中，在"预报洪水总量控制"条件下，从防洪安全角度，提及"汛限水位动态控制"的时间，不应该在"一边降雨一边涨洪"时期。最早提及"汛限水位动态控制"的时间是在降雨停止时；通常提及"汛限水位动态控制"的时间是在峰后的 1～2 时段，且最高库水位处于汛限水位动态控制的范围内。经分析表 5.28 中所列出的 6 次有弃水的实际洪水调度主要参数发现：峰后的第 2 天的蓄水量加上后期减少弃水量与退水量，70% 可以将库水位提高到"汛限水位动态控制"的上限 102.60 m 与兴利蓄水位 103.0 m 之间，见表中第 7 行"可蓄至水位"。从防洪安全与兴利蓄水两方面考虑，"峰后的第 2 天"是提及"汛限水位动态控制"的最适宜时间。或者说"汛限水位动态控制"的时间是在洪水的退水期。

5.3.4.2 产流预报误差对"汛限水位动态控制"的影响分析

分析白龟山水库产流预报模型预报精度时，仅仅给出"净雨（洪量）预报精度达到甲级方案水平"的评价结果。这里进一步分析预报误差将会给"汛限水位动态控制"带来的影响。将表 2.5 中相应的数据列入表 5.29 中第②列，作为分析的基础。

表 5.29 产流预报误差对汛限水位动态控制的影响分析

统计项目	绝对误差(mm)	水量差($\times10^6$ m^3)	峰后第2时段水量差		峰后3 d分析			
			余水量 $B=0.41$ ($\times10^6$ m^3)	余水量折102.0～103.0 m间水位(cm)	折合平均水位(cm/d)	折合平均流量(m^3/s)		
						3 d	2 d	1 d
①	②	③	④	⑤	⑥	⑦	⑧	⑨
平均预报误差	-0.81	-1.06	-0.43	-1	-0.2	-1.7	-2.5	-5.0
预报最大正差	14.95	19.58	8.03	13	4.4	31.0	46.5	92.9
预报最大负差	-23.30	-30.52	-12.51	-20	-6.8	-48.3	-72.4	-144.8
预报最小正差	0.52	0.68	0.28	0	-0.2	1.1	1.6	3.2
预报最小负差	-0.01	-0.01	-0.01	0	0	-0.02	-0.03	-0.06

注：③=②×流域面积；④=B×③($B=W_{余}/W_{值}$为平均数)；⑤=④÷0.614 6 (1 cm水位对应水量10^6 m^3)；⑥=⑤÷3 d；⑦=④÷259 200 s；⑧=④÷172 800 s；⑨=④÷86 400 s。

由表5.29分析计算可得出如下规律：

(1)若净雨预报偏小，汛限水位值将比预想的动态控制值高0～20 cm，可依据峰后第1天预报误差信息，通过第2～3天修正预报加大弃水流量48.3～144.8 m^3/s，达到预想的汛限水位动态控制值，且在下游安全泄量600 m^3/s允许范围内。

(2)若净雨预报偏大，汛限水位值将比预想的动态控制值低0～13 cm，可依据峰后第1天预报误差信息，通过第2～3天修正预报减少弃水流量31.0～92.9 m^3/s，以达到预想的汛限水位动态控制值。

可见，产流预报误差对"汛限水位动态控制"的影响较小，产流预报方案是可用的。

5.3.4.3 产流预报误差的频率分布及分布检验

随着信息与预报技术的发展，在实时洪水调度与修改水库洪水调度规划中，人们越来越重视发挥洪水预报的作用。

为了研究误差给防洪预报调度带来的影响，必须先分析洪水预报误差的分布规律。对洪水调节能力强的水库，洪量对水库洪水调度起控制作用。

本节将针对流域产流预报方案的模拟预报成果，重点分析产流预报误差的概率分布。根据洪水预报的特点与水文随机变量的分布规律，利用数理统计中的Kolmogorov-Smironv (K-S)检验法进行非参数的假设检验，检验产流预报误差是否服从P-Ⅲ型分布或正态分布。

5.3.4.3.1 产流预报误差的频率分布

由白龟山水库1967～1991年的36场实测洪水的产流预报绝对误差样本资料，利用矩法估算产流预报绝对误差系列的统计参数$\overline{X}$和σ值。为了考虑预报误差中的个别大点，在通过矩法估算的参数检验分布后，利用武汉水利水电大学开发的P-Ⅲ型频率曲线配线软件，适线后得$\overline{X}$和σ值见表5.30，配线后的频率曲线见图5.10，配线后产流预报绝对误差频率分布见表5.31。

表 5.30　矩法计算与配线后的统计参数

项目	均值 $\overline{X}$		均方差 σ	
	矩法	配线后	矩法	配线后
白龟山水库	−0.815	−1.000	7.526	11.000

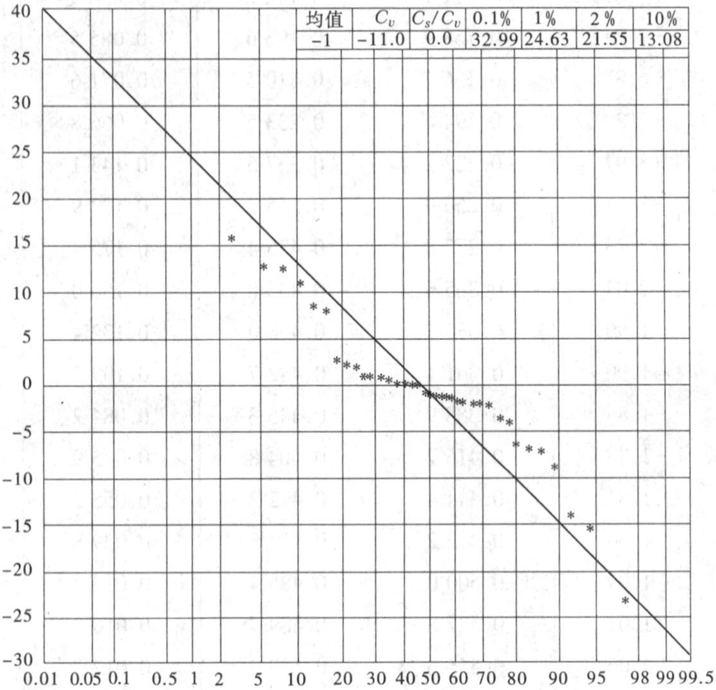

图 5.10　产流预报绝对误差频率曲线

表 5.31　产流预报绝对误差频率分布

大于某误差频率(%)	预报偏大	预报偏小	大于某误差频率(%)	预报偏大	预报偏小
0.01	39.9	41.9	2	21.6	23.6
0.02	37.9	39.9	5	17.0	19.0
0.05	35.2	37.2	10	13.1	15.1
0.1	33.0	35.0	20	8.2	10.2
0.2	30.7	32.6	30	4.7	6.7
0.33	28.8	30.8	40	1.8	3.8
0.5	27.4	29.4	50	−1.0	1.0
1	24.6	26.6			

5.3.4.3.2　*产流预报误差的分布检验*

利用数理统计中的 K－S 检验法，给定显著性水平 $\alpha=0.05$ 进行非参数的假设检验，检验产流预报的误差是否服从正态分布。

根据 K－S 检验法的计算方法，将计算的各指标值列入表 5.32。

表 5.32　白龟山水库洪水预报误差 K－S 检验各指标计算值

N	X_i	$F_{(n)}(x_i)$	$\Phi(x_i)$	d_{1i}	d_{2i}
1	−23.30	0.027 8	0.001 4	0.001 4	0.026 4
2	−15.44	0.055 6	0.026 0	0.001 8	0.029 6
3	−14.08	0.083 3	0.039 0	0.016 6	0.044 3
4	−8.87	0.111 1	0.142 2	0.058 9	0.031 1
5	−7.24	0.138 9	0.196 6	0.085 5	0.057 7
6	−6.87	0.166 7	0.210 5	0.071 6	0.043 9
7	−6.29	0.194 4	0.233 5	0.066 8	0.039 0
8	−3.97	0.222 2	0.337 5	0.143 1	0.115 3
9	−3.61	0.250 0	0.355 2	0.132 9	0.105 2
10	−2.23	0.277 8	0.425 4	0.175 4	0.147 6
11	−2.07	0.305 6	0.433 8	0.156 0	0.128 2
12	−1.99	0.333 3	0.438 0	0.132 4	0.104 6
13	−1.90	0.361 1	0.442 7	0.109 3	0.081 6
14	−1.85	0.388 9	0.445 3	0.084 2	0.056 4
15	−1.48	0.416 7	0.464 8	0.075 9	0.048 1
16	−1.34	0.444 4	0.472 2	0.055 5	0.027 7
17	−1.30	0.472 2	0.474 3	0.029 8	0.002 1
18	−1.09	0.500 0	0.485 4	0.013 2	0.014 6
19	−1.01	0.527 8	0.489 7	0.010 3	0.038 1
20	−0.06	0.555 6	0.539 9	0.012 2	0.015 6
21	−0.05	0.583 3	0.540 5	0.015 1	0.042 9
22	−0.01	0.611 1	0.542 6	0.040 8	0.068 5
23	0.01	0.638 9	0.543 6	0.067 5	0.095 3
24	0.52	0.666 7	0.570 4	0.068 5	0.096 3
25	0.66	0.694 4	0.577 7	0.089 0	0.116 8
26	0.74	0.722 2	0.581 8	0.112 6	0.140 4
27	0.80	0.750 0	0.584 9	0.137 3	0.165 1
28	1.84	0.777 8	0.637 9	0.112 1	0.139 9
29	2.12	0.805 6	0.651 7	0.126 1	0.153 8
30	2.66	0.833 3	0.677 8	0.127 7	0.155 5
31	7.97	0.861 1	0.878 4	0.045 1	0.017 3
32	8.49	0.888 9	0.891 8	0.030 7	0.002 9
33	10.95	0.916 7	0.941 0	0.052 1	0.024 3
34	12.36	0.944 4	0.960 0	0.043 3	0.015 5
35	12.65	0.972 2	0.963 2	0.018 8	0.009 0
36	14.95	1.000 0	0.981 9	0.009 7	0.018 1

根据表 5.32 计算检验统计量 $D_n=\sqrt{36}\times0.1754=1.052$，与给定显著性水平 $\alpha=0.05$ 下的临界值 $t=1.360$ 比较，结果见表 5.33。检验结果表明，白龟山水库产流预报的绝对误差服从正态分布。

表 5.33　正态分布检验结果

项目	样本数	计算值	允许值	是否服从
白龟山水库	36	1.052	1.360	服从

5.3.5　水库水情自动测报系统应用于汛限水位动态控制的可行性分析

白龟山水库水情自动测报系统由 1 个中心站、1 个中继站、12 个雨量站和 1 个水位站构成。工作方式采用自报式，主要功能有：

(1)发生 1 mm 增量时，雨量遥测站自动采集并发送累积雨量到中心站；

(2)水位发生 1 cm 变量时，水位遥测站自动采集并发送实时水位到中心站；

(3)为防止水位波动大造成水位变量的高频发射，设有 5 min 限时发射功能；

(4)中心站数据接收，存储，图表输出；

(5)系统在防雷电、供电方式等方面均采取了完整的保障措施。

系统自 1993 年运行以来，设备性能稳定，运行可靠，经过与人工测报数据对比，数据的采集和传输准确，每年汛期及时为水库防汛调度提供了可靠的流域内各站降雨量和水库水位数据。

5.4　水库防洪预报调度方式研究

5.4.1　研究的目的、意义与主要内容

5.4.1.1　研究的目的、意义

水库防洪调度方式主要有两大类：一类是不考虑预报的有闸分级控制，通称常规防洪调度方式；另一类是考虑预报的有闸分级控制，简称防洪预报调度方式。

确定防洪调度方式，属于防洪调度设计阶段的任务，其核心为：在满足水库本身及上、下游防洪标准与要求的原则下，通过调节不同防洪标准频率的设计洪水过程，寻求判断水库遭遇洪水的量级，改变泄流量的判断指标(也称调洪规则)。常规防洪调度方式的判断指标，通常是选择“库水位或实际入库流量”；而防洪预报调度方式选择的判断指标，一般是产流预报的“累积净雨量”，或汇流预报的“洪峰流量”，或短时“晴雨”预报信息等。

随着水库流域水情自动测报系统的建设与稳定运行、气象信息收集与分析手段的改进、流域洪水预报与降雨预报精度的提高，北方一些水库实施了防洪预报调度方式。例如，辽宁省大伙房水库防洪预报调度方式，应用“累积净雨量及峰前流量”作判断指标，将汛限水位提高了 1.4 m；清河水库应用“累积净雨量及实际入流量”作判断指标，使汛限水位提高了 2.0 m。在实施预报调度的过程中，气象降雨预报早于实际降雨信息，实际降雨早于预报净雨信息，预报净雨早于入库洪峰信息，更早于调洪最高水位信息。基于这一特点，水库防洪预报调度

方式选择前期信息作为判断水库遭遇洪水的量级、改变泄流量的判断指标，必然达到提前下泄、均匀泄流、需要防洪库容较小的效果，即可抬高汛限水位。实践证明，这是一种增加洪水资源利用率的有效防洪调度设计方法。

目前，白龟山水库仍然采用原设计“不考虑预报以坝前水位作为判别条件的有闸分级控制”的常规防洪调度方式，控制汛限水位是102.0 m，洪水资源利用率较低；第5.1节中曾分析过，白龟山水库尚有60×10^6 m^3左右的洪水资源可利用；并且第5.3节的研究说明，白龟山水库流域水情自动测报系统运行稳定，有卫星云图等气象信息收集系统，流域洪水预报精度较高，气象部门未来24 h降雨预报达到可利用程度，已具备了用洪水预报或降雨预报修改原防洪调度方式的基本条件。因此，白龟山水库研究防洪预报调度方式，以期提高水库的汛限水位，增加洪水资源的利用率是可能和必要的，既有经济价值，又有理论意义。

5.4.1.2 **研究的主要内容与方法**

白龟山水库防洪预报调度研究的主要目的是确定防洪预报调度方式；然后，以全区累积净雨量作为白龟山水库遭遇洪水量级及相应泄量的判别指标，拟定合理的水库防洪预报调度规则，并确定合适的水库汛限水位上限值。其研究的主要内容包括如下。

5.4.1.2.1 典型洪水的净雨过程及不同频率设计洪水的净雨过程推求

典型洪水过程的净雨时程分配推求采用反演模拟预报法。即基于原设计的典型洪水的总径流深，应用大伙房产流预报模型＋模式单位线，假定不同净雨时程分配方案，模拟预报洪水过程，采用与实测过程模拟效果最佳的方案。

不同频率设计洪水的净雨过程，与推求典型洪水过程的净雨时程分配方法类似。

5.4.1.2.2 防洪预报调度方式研究

1)确定防洪预报调度方式

根据水库承担的防洪任务，预报方案的类别、预见期，水库泄洪设施的控制能力等，可以确定白龟山水库为分级控制防洪预报调度方式。

2)确定防洪预报调度规则

通常，选择防洪预报调度方式比较容易，困难而费时的是选定与方式相应的“调度规则”。一般通过多方案综合比较，选择一个对大坝和下游防洪都比较安全的调度规则，即所谓的“满意调度规则”，同时可以确定水库的汛限水位抬高值。防洪预报调度规则确定过程中涉及到的主要内容、步骤及方法将在后续章节进行论述。

5.4.1.2.3 实施“防洪预报调度方式”的基本条件分析

其为同类水库实施“防洪预报调度方式”提供参考。

5.4.1.3 **水库防洪预报调度方式研究的基础资料**

(1)水库的水位—库容曲线和水位—泄量曲线。

(2)设计洪水过程。

采用《沙河昭平台、白龟山水库除险加固工程初步设计报告(修订本)》提供的设计洪水过程，此过程是通过各时段洪量同频率典型年放大的方法求得；选取的典型为洪水比较集中、主峰偏后、对水库较为恶劣的1955年8月15~22日的洪水过程，计算时段为1 h。具体可参见《沙河昭平台、白龟山水库除险加固工程初步设计报告(修订本)》。

(3)设计净雨过程。

根据流域的洪水预报模型和设计洪水过程，通过反演模拟求得各设计洪水过程对应的净雨过程，见表5.36、表5.37。各频率洪水对应的净雨总量见表5.39。

(4)白龟山水库上、下游防洪标准及调度规则。

白龟山水库上、下游防洪标准及原设计常规洪水调度规则见4.2.3部分。

其中，昭平台水库的控制能力较弱，入库洪水超过10年一遇，尧沟泄洪闸须全开。在实际操作中，考虑下游白龟山水库的安全，昭平台水库在敞泄后的退水段进行了控制，即库水位低于174.44 m，控泄300 m^3/s，而不是一直敞泄。

(5)调洪水位约束。

白龟山水库的调洪水位约束见白龟山水库原设计调洪规则(见4.2.3部分)。

5.4.2 典型及不同频率设计洪水过程的净雨时程分配

在预报调度规划中，制定调度原则所依据的一个重要指标是累积净雨，即用一场暴雨过程的净雨累加值作为水库调度的一个依据。昭平台、白龟山两库选择1955年入库洪水作为典型洪水，两库典型和各频率设计洪水过程已知，但流域降雨过程未知，所以以流域降雨预报系统为基本平台，根据洪水过程反推净雨(或暴雨)过程，为预报调度规划提供基本的资料准备。

5.4.2.1 反演模拟预报法模拟净雨过程的基本原理

模拟一场洪水过程的净雨过程所依据的主要是流域的产、汇流计算方法。产流方面，昭平台水库以上采用单层蓄满产流模型，昭—白区间采用大伙房模型；汇流方面，昭平台水库以上采用经验单位线，昭—白区间采用模式单位线。

5.4.2.2 反演模拟预报法模拟净雨过程的方法及步骤

5.4.2.2.1 模拟典型洪水的净雨过程

由于原典型洪水过程没有相应的降雨资料，根据原典型洪水的总径流深，应用昭－白流域汇流预报模型，假定不同净雨时程分配方案，模拟预报典型洪水过程，采用与实测典型洪水过程模拟效果较好的方案，即洪水总量、3 d洪量、洪峰流量、最大洪峰出现时间误差较小的净雨预报方案。

模拟成果：由昭平台水库以上1955年典型洪水降雨径流模拟成果见表5.34和图5.11。昭—白区间1955年典型洪水降雨径流模拟成果见表5.35和图5.12。

表5.34 昭平台水库以上1955年典型洪水降雨径流模拟成果比较

项目	洪水总量($\times10^6$ m^3)	3 d洪量($\times10^6$ m^3)	最大洪峰流量(m^3/s)	最大洪峰出现时间(月·日 T 时:分)
实际值	349.6	247.7	2 655	08.11 T 06:00
反演模拟	349.6	245.2	2 655	08.11 T 06:00
误差	0	−2.5	0	0
相对误差(%)	0	1.0	0	0

注：3 d洪量08.10 T 04:00 ～ 08.13 T 04:00；单位线选用第1条单位线。

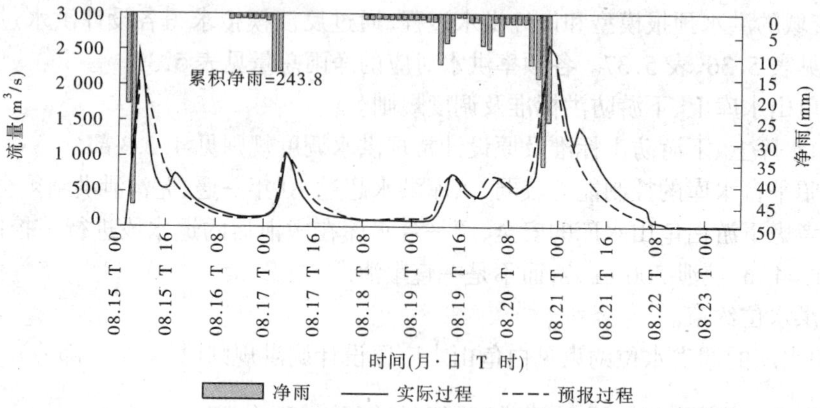

图 5.11　昭平台水库以上 1955 年典型洪水降雨径流模拟成果图

表 5.35　昭—白区间 1955 年典型洪水降雨径流模拟成果比较

项目	洪水总量（$\times 10^6$ m^3）	3 d 洪量（$\times 10^6$ m^3）	最大洪峰流量（m^3/s）	最大洪峰出现时间(月·日 T 时:分)
实际值	210.2	87.9	1 578	08.11 T 12:00
反演模拟	210.2	85.4	1 578	08.11 T 12:00
误差	0	−2.5	0	0
相对误差(%)	0	2.8	0	0

注:3 d 洪量 8 月 10 日 4 时～13 日 4 时的单位线选用第 14 条单位线。

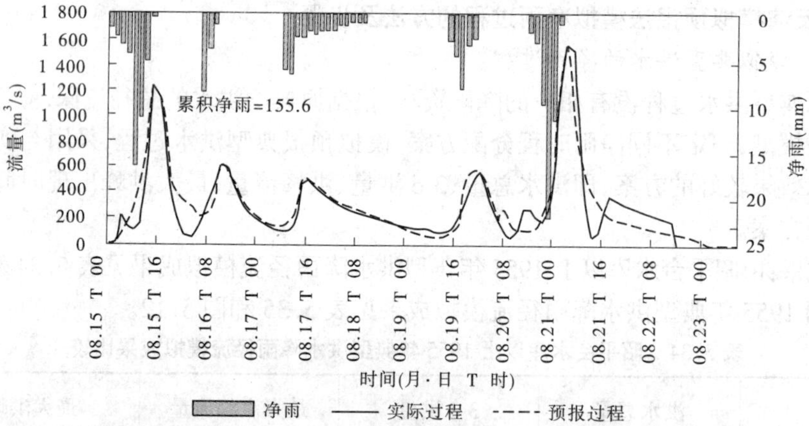

图 5.12　昭—白区间 1955 年典型洪水降雨径流模拟成果图

5.4.2.2.2　模拟各种频率的设计洪水的净雨过程

同 5.4.2.2.1 部分中所述的方法步骤,根据流域的洪水预报模型和各种频率的设计洪水过程反演模拟求得各设计过程对应的净雨过程。

昭平台水库以上各种频率的设计洪水过程反演模拟预报净雨过程见表 5.36,昭—白区间各种频率的设计洪水过程反演模拟预报净雨过程见表 5.37。

应指出,无论用哪种产、汇流计算模型反演模拟各种频率设计洪水过程对应的净雨过程,最后都需要进行设计洪水总量控制的校核(见表 5.38),满足如下水量平衡条件:

设计的净雨总量 + 基流折合的径流深 = 原设计洪水过程的径流深

表 5.36　反演模拟预报法推求昭平台水库以上各种频率设计洪水的净雨过程　（单位：mm）

时序（月·日 T 时:分）	昭平台水库以上设计				昭平台水库以上相应			
	5%	2%	1%	0.05%	5%	2%	1%	0.05%
08.14 T 22:00	0	0	0	0	0	0	0	0
08.15 T 00:00	0	0	0	0	0	0	0	0
08.15 T 02:00	64	77	84	148	42	48	54	88
08.17 T 00:00	9	13	17	34	10	10	10	16
08.17 T 02:00	7	10	12	25	7	9	10	18
08.17 T 04:00	7	10	12	25	6	7	10	16
08.17 T 06:00	1	2	2	4	1	2	3	6
08.17 T 08:00	0	0	0	4	1	2	3	6
08.19 T 04:00	0	0	0	0	0	0	0	0
08.19 T 06:00	5	7	8	16	7	10	10	25
08.19 T 08:00	6	9	12	27	10	12	13	25
08.19 T 10:00	14	19	22	41	10	12	13	25
08.19 T 12:00	3	4	5	11	5	7	8	12
08.19 T 14:00	3	4	5	11	5	7	8	12
08.19 T 16:00	0	0	0	0	0	0	0	0
08.19 T 18:00	0	0	0	0	0	0	0	0
08.19 T 20:00	0	0	0	0	0	0	0	0
08.19 T 22:00	12	14	14	23	8	9	10	20
08.20 T 00:00	12	14	14	23	8	9	10	20
08.20 T 02:00	12	14	14	23	8	9	10	20
08.20 T 04:00	0	0	0	0	0	0	0	0
08.20 T 06:00	0	0	0	0	0	0	0	0
08.20 T 08:00	0	0	0	0	0	0	0	0
08.20 T 10:00	13	16	17	29	10	12	13	21
08.20 T 12:00	13	16	17	29	10	12	13	25
08.20 T 14:00	19	20	19	29	10	12	13	30
08.20 T 16:00	33	39	41	72	19	21	22	37
08.20 T 18:00	121	161	193	375	68	96	112	222
08.20 T 20:00	8	14	23	60	25	15	15	27
08.20 T 22:00	7	13	22	59	31	49	62	90
08.21 T 00:00	0	0	0	0	0	0	0	0
08.21 T 02:00	0	0	0	0	0	0	0	0
7.5 d 净雨深累积量(mm)	369	476	554	1 070	301	370	422	761
7 d 净雨深累积量(mm)	361	462	540	1 047	292	358	409	740

表 5.37 反演模拟预报法推求昭—白区间各种频率设计洪水的净雨过程 (单位:mm)

时序 (月·日 T 时:分)	昭—白区间设计				昭—白区间相应			
	5%	2%	1%	0.05%	5%	2%	1%	0.05%
08.14 T 22:00	0	0	0	0	0	0	0	0
08.15 T 00:00	3	1	2	4	0	0	0	1
08.15 T 02:00	7	2	3	5	0	1	1	1
08.15 T 04:00	7	3	4	7	1	1	1	1
08.15 T 06:00	8	4	5	9	2	2	3	4
08.15 T 08:00	3	10	12	24	1	1	1	2
08.15 T 10:00	0	8	8	15	1	1	1	1
08.15 T 12:00	0	4	5	10	0	0	0	0
08.15 T 14:00	0	0	0	1	0	0	0	0
08.16 T 02:00	4	0	0	0	0	0	0	0
08.16 T 04:00	3	0	0	0	1	1	1	2
08.16 T 06:00	3	8	9	14	0	0	1	1
08.16 T 08:00	1	3	4	8	0	0	1	1
08.16 T 10:00	0	4	4	8	0	0	0	0
08.16 T 12:00	0	1	1	3	0	0	0	0
08.17 T 04:00	4	0	0	0	0	0	0	0
08.17 T 06:00	4	0	0	0	1	1	1	1
08.17 T 08:00	2	5	6	13	1	1	1	1
08.17 T 10:00	2	6	7	14	0	0	0	0
08.17 T 12:00	1	2	3	5	0	0	0	0
08.17 T 14:00	1	2	3	5	0	0	0	0
08.17 T 16:00	1	1	2	3	0	0	0	0
08.17 T 18:00	1	2	2	4	0	0	0	0
08.17 T 20:00	1	1	2	4	0	0	0	0
08.17 T 22:00	1	1	2	4	0	0	0	0
08.18 T 00:00	1	1	2	4	0	0	0	0
08.18 T 02:00	0	1	1	3	0	0	0	0
08.18 T 04:00	0	1	1	3	0	0	0	0
08.18 T 06:00	0	1	1	2	0	0	0	0
08.18 T 08:00	0	1	1	2	0	0	0	0
08.18 T 10:00	0	1	1	2	0	0	0	0
08.18 T 20:00	0	0	0	0	3	4	4	7
08.18 T 22:00	0	0	0	0	2	3	3	5
08.19 T 00:00	0	0	0	0	2	2	2	4
08.19 T 02:00	1	0	0	0	1	1	2	3

续表 5.37

时 序 (月·日 T 时:分)	昭—白区间设计				昭—白区间相应			
	5%	2%	1%	0.05%	5%	2%	1%	0.05%
08.19 T 04:00	1	0	0	0	1	1	1	2
08.19 T 06:00	2	0	0	0	1	1	1	1
08.19 T 08:00	2	2	4	3	2	2	3	5
08.19 T 10:00	6	2	4	3	3	4	5	8
08.19 T 12:00	8	3	5	3	6	8	9	15
08.19 T 14:00	10	7	11	23	9	11	13	21
08.19 T 16:00	7	11	13	27	9	12	13	22
08.19 T 18:00	5	15	17	30	8	10	11	19
08.19 T 20:00	0	10	10	24	4	6	6	11
08.19 T 22:00	0	6	0	19	0	0	0	0
08.20 T 12:00	6	0	0	0	0	0	0	0
08.20 T 14:00	12	0	0	0	5	6	6	12
08.20 T 16:00	38	5	6	14	8	10	12	21
08.20 T 18:00	41	11	11	24	28	34	39	73
08.20 T 20:00	50	29	35	119	32	40	46	84
08.20 T 22:00	28	68	81	158	32	40	46	88
08.21 T 00:00	0	76	86	120	14	17	19	32
08.21 T 02:00	0	15	25	60	0	0	0	0
08.21 T 04:00	0	0	0	0	0	0	0	0
08.21 T 06:00	0	0	0	0	0	0	0	0
08.21 T 08:00	0	0	0	0	0	0	0	0
08.21 T 10:00	0	0	0	0	6	8	9	20
08.21 T 12:00	0	15	17	30	4	5	6	12
08.21 T 14:00	0	6	11	24	4	5	6	7
08.21 T 16:00	0	6	10	12	2	3	3	7
08.21 T 18:00	0	3	0	0	2	3	3	7
08.21 T 20:00	0	0	0	0	2	3	3	7
08.21 T 22:00	0	0	0	0	0	0	0	5
08.22 T 00:00	0	0	0	0	0	0	0	5
08.22 T 02:00	0	0	0	0	0	0	0	0
7.5 d 净雨深累积量(mm)	275	364	437	869	198	248	283	519
7 d 净雨深累积量(mm)	261	343	407	816	186	229	263	479

表 5.38 各种组合洪水的模拟成果比较

洪水组合	洪水总量(×10⁶ m³)			7 d 洪量(×10⁶ m³)			洪峰流量(m³/s)		
	设计	模拟	误差(%)	设计	模拟	误差(%)	设计	模拟	误差(%)
5%昭平台水库设计	529.0	529.0	0	516.6	526.3	2	5 887	5 817	1.2
5%昭—白区间相应	261.9	260.0	0.7	244.3	241.4	1.2	3 068	3 084	0.5
2%昭平台水库设计	678	678	0	661.7	648.5	2	11 783	11 876	0.8
2%昭—白区间相应	323.2	323.2	0	300.5	299.5	0.3	5 518	5 531	0.2
1%昭平台水库设计	791.6	791.9	0.04	772.9	770.6	6.6	21 168	21 232	0.3
1%昭—白区间相应	372.1	372.1	0	345.0	351.0	1.7	10 248	10 240	0.08
0.05%昭平台水库设计	1 530.7	1 527.3	0.2	1 498.9	1 528.9	2	23 772	23 819	0.1
0.05%昭—白区间相应	685.0	689.7	0.7	628.3	638.9	1.7	11 336	11 349	0.2
5%昭平台水库相应	430.4	430.7	0	418.4	420.1	0.4	4 816	4 813	0.06
5%昭—白区间设计	362.2	362.2	0	342.2	348.0	1.7	5 559	5 565	0.1
2%昭平台水库相应	527.6	527.8	0	512.6	519.8	1.4	5 949	5 962	0.2
2%昭—白区间设计	476.5	480.0	0.7	449.7	472.2	5	7 398	7 409	0.1
1%昭平台水库相应	602.6	602.9	0	585.3	587.1	0.3	6 814	6 782	0.5
1%昭—白区间设计	564.6	564.4	0	532.8	519.9	2.4	8 818	8 822	0.05
0.05%昭平台水库相应	1 088.1	1 088.5	0	1 058.4	1 065.8	0.7	13 011	13 052	0.3
0.05%昭—白区间设计	1 133.7	1 132.7	0	1 069.0	1 062	0.7	17 243	17 287	0.3

注:表中所有模拟的峰现时间与设计值均相同。

5.4.2.2.3 白龟山水库以上各频率设计洪水过程对应的净雨总量分析

由表 5.36、表 5.37 可知,白龟山水库以上各频率洪水过程对应的 7 d 净雨总量见表 5.39。

表 5.39 白龟山水库以上各频率洪水过程对应的 7 d 净雨总量 (单位:mm)

频率(%)		5	2	1	0.05
重现期(年)		20	50	100	2 000
白龟山水库以上与昭平台水库同频率	昭平台水库设计	361	462	540	1 047
	昭—白区间相应	186	229	263	479
	全区	274	346	402	763
白龟山水库以上与昭—白区间同频率	昭平台水库相应	292	358	409	740
	昭—白区间设计	261	343	407	816
	全区	277	351	408	778

从表 5.39 可以看出，白龟山水库以上同频率洪水过程对应的不同洪水地区组成的净雨总量差别较大。例如，昭—白区间设计 20 年一遇的净雨总量为 261 mm，而昭—白区间相应 20 年一遇的净雨总量仅为 186 mm；昭—白区间相应 100 年一遇的净雨总量为 263 mm，与昭—白区间设计 20 年一遇的净雨总量基本相当。

同频率的不同洪水地区组成的全区累积净雨总量基本一致，如表 5.39 所示；同频率的不同洪水地区组成的全区径流总量相等，如表 5.40 所示。昭平台水库、白龟山水库两库的控制流域面积相差不大（昭平台水库控制流域面积 1 430 km^2，昭—白区间面积为 1 310 km^2），影响两库的天气系统一致，白龟山水库在实时调度中也考虑昭平台水库以上的天气状况和降雨量。因此，宜将全区的累积净雨量作为白龟山水库预报调度时遭遇洪水量级的主要判断指标。

表 5.40　白龟山水库以上各频率洪水的 7 d 洪量　（单位：$\times 10^6$ m^3/s）

频率（%）		5	2	1	0.05
重现期（年）		20	50	100	2 000
白龟山水库以上与昭平台水库同频率	昭平台水库设计	516.6	661.7	772.9	1 498.9
	昭—白区间相应	244.3	300.5	345.0	628.3
	全 区	760.9	962.2	1 117.9	2 127.2
白龟山水库以上与昭—白区间同频率	昭平台水库相应	418.5	512.6	585.3	1 058.4
	昭—白区间设计	342.2	449.7	532.8	1 069.0
	全 区	760.7	962.3	1 118.1	2 127.4

5.4.3　防洪预报调度方式及其规则研究

5.4.3.1　白龟山水库防洪预报调度方式的研究

基于白龟山水库上、下游防洪标准及要求和泄洪设施的控制能力，确定白龟山水库的防洪预报调度方式为“有下游防洪任务、分级有闸控制、考虑洪水预报、以全区累积净雨量作为洪水遭遇量级的判别条件”的防洪预报调度方式。

5.4.3.2　白龟山水库防洪预报调度规则的研究

5.4.3.2.1　基本资料

(1)两库的 $Z\sim V$ 曲线和 $Z\sim Q$ 曲线；

(2)两库的防洪标准及要求；

(3)水库设计洪水过程；

(4)反演模拟预报推求的设计净雨过程；

(5)水库常规防洪调度规则。

5.4.3.2.2　白龟山水库防洪预报调度规则的确定方法

昭平台水库按照常规方式进行调度，入库洪水超过 10 年一遇，尧沟泄洪闸须全开。在实际操作中，考虑下游白龟山水库的安全，昭平台水库在敞泄后的退水段进行了控制，即库水位低于 174.44 m，控泄 300 m^3/s，而不是一直敞泄。

白龟山水库调洪以全区累积净雨量作为判断洪水量级、改变泄量的主要指标，具体量值的选取通过“逐级调节法”来确定：即先调节下游防护对象防洪标准洪水，确定下游防洪标准洪水的判断指标；然后，用确定的指标来调节水库设计、校核标准的洪水，确定水库设计、校核标准洪水的判断指标。因为预报的累积净雨有误差，所以选择的指标不是定值，而是一个域值。为了给决策的制定与实施留有余地，在调洪过程中采用“20 年一遇全区累积净雨量 277 mm 加 20%增量，即约为 340 mm；50 年一遇全区累积净雨量 351 mm 加 20%增量，即约为 420 mm”。作为白龟山水库调节 20 年一遇、50 年一遇设计洪水的判断指标。

5.4.3.2.3 白龟山水库防洪预报调度规则的确定步骤

图 5.13 所示为确定防洪预报调度规则的步骤。通常假定某种调洪规则，以选定的防洪限制水位作为起调水位，调节计算符合设计洪水标准要求的水库校核、设计标准洪水及下游防洪标准洪水，若调洪结果既满足泄洪设备的泄流能力约束，又保证大坝及下游防洪安全，则此调洪规则为“可行调度规则”，否则为不可行调洪规则。通过反复调节，经过多方案分析和比较，最终可以确定防洪预报调度规则及合适的汛限水位抬高值。

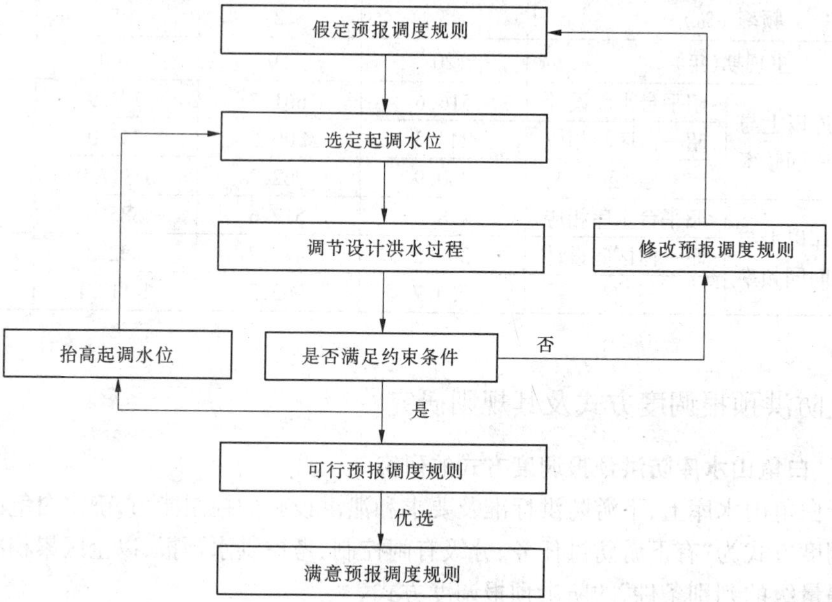

图 5.13 白龟山水库防洪预报调度规则的确定步骤图

5.4.3.2.4 防洪预报调度规则

白龟山水库的防洪起调水位主汛期可抬高至 102.6 m，汛后期可抬高至正常蓄水位 103.0 m，防洪预报调度规则是：

(1)从形成净雨起计算累积净雨量。白龟山水库以上全区累积净雨量≤340 mm 时，若入库洪水≤600 m^3/s，来多少泄多少；若入库洪水>600 m^3/s，控泄 600 m^3/s；库水位不低于 102.00 m。

(2)白龟山水库以上全区累积净雨量>340 mm 或库水位>105.38 m 时，白龟山水库控泄 3 000 m^3/s。

(3)白龟山以上全区累积净雨量>420 mm 或库水位>105.90 m 时，白龟山水库泄洪闸全开。

(4)若白龟山水库库水位>106.19 m 时，白龟山水库泄洪闸全开，同时北干渠泄洪 200 m^3/s。

5.4.3.2.5 调洪成果

按照上述的防洪预报调度规则调洪，白龟山水库各种设计洪水的防洪预报调度的调洪成果(汛限水位分别为102.00 m和102.60 m)如表5.41和表5.42所示。

表5.41 白龟山水库防洪预报调度调洪成果(起调水位102.00 m)

洪水地区组成	重现期(年)	频率(%)	昭平台水库		白龟山水库(按照旧库容曲线计算)		最高水位约束(m)
			最高水位(m)	最大泄量(m^3/s)	最高水位(m)	最大泄量(m^3/s)	
白龟山水库以上与昭平台水库同频率	20	5	174.80	2 510	105.38	600	105.38
	50	2	176.36	3 071	104.76	3 000	105.90
	100	1	177.82	3 548	105.08	5 661	106.19
	2 000	0.05	180.98	13 353	108.95	7 127	109.56
白龟山水库以上与昭—白区间同频率	20	5	174.51	2 381	105.18	600	105.38
	50	2	174.78	2 502	104.78	3 000	105.90
	100	1	175.31	2 692	105.80	6 023	106.19
	2 000	0.05	180.61	12 605	109.02	7 150	109.56

表5.42 白龟山水库联合防洪补偿调度调洪成果(起调水位102.60 m)

洪水地区组成	重现期(年)	频率(%)	昭平台水库		白龟山水库(按照旧库容曲线计算)		最高水位约束(m)
			最高水位(m)	最大泄量(m^3/s)	最高水位(m)	最大泄量(m^3/s)	
白龟山水库以上与昭平台水库同频率	20	5	174.80	2 510	105.38	600	105.38
	50	2	176.36	3 071	104.76	3 000	105.90
	100	1	177.82	3 548	105.21	5 734	106.19
	2 000	0.05	180.98	13 353	108.99	7 139	109.56
白龟山水库以上与昭—白区间同频率	20	5	174.51	2 381	105.18	600	105.38
	50	2	174.78	2 502	105.15	3 000	105.90
	100	1	175.31	2 692	105.98	6 113	106.19
	2 000	0.05	180.61	12 605	108.73	7 066	109.56

汛限水位抬高至102.60 m，两种洪水地区组成各频率洪水的调洪最高水位、最大泄量均满足原设计防洪要求，即白龟山水库主汛期的汛限水位可以抬高至102.6 m。昭平台水库、白龟山水库调洪演算成果见表5.43。

表 5.43　昭平台水库、白龟山水库调洪演算成果(常规调算结果)

洪水地区组成	重现期(年)	昭平台水库				白龟山水库(起调水位 102.00 m)按照新库容曲线计算			
		入库流量(m^3/s)	出库流量(m^3/s)	水位(m)	库容量($\times10^4$ m^3)	入库流量(m^3/s)	出库流量(m^3/s)	水位(m)	库容量($\times10^4$ m^3)
白龟山水库以上与昭平台水库同频率	20	9 930	2 540	174.89	42 712	4 525	600	105.38	48 231
	50	13 050	3 097	176.44	48 799	8 163	3 000	105.90	52 733
	100	15 460	3 570	177.89	54 824	9 384	6 442	105.97	53 324
	2 000	25 850	13 721	180.64	67 100	19 766	7 416	109.48	91 300
白龟山水库以上与昭—白区间同频率	20	5 242	2 393	174.52	41 336	6 710	600	105.18	46 440
	50	6 475	2 533	174.87	42 634	8 830	3 000	105.61	50 247
	100	7 417	2 719	175.37	44 586	12 703	6 432	106.19	55 391
	2 000	14 162	4 318	180.56	68 600	21 270	7 426	109.52	91 693

5.4.3.2.6　防洪预报调度与常规防洪调度调洪成果对比分析

由表 5.44 可知,从 102.60 m 起调,按照预报调度规则进行调度,两种洪水地区组成各频率洪水的调洪最高水位、最大泄量均满足水库原设计标准的防洪要求。防洪预报调度能够提高汛限水位至 102.60 m,其主要原因在于防洪预报调度选择前期降雨和净雨信息作为判断水库遭遇洪水的量级及相应泄流量的判断指标,必然比原按库水位作为判据的常规防洪调度规则达到提前下泄、均匀泄流,最大泄量小,需要防洪库容较小的效果,即可抬高汛限水位。

表 5.44　防洪预报调度与常规防洪调度成果比较

洪水地区组成	重现期(年)	频率(%)	常规防洪调度(起调水位 102.00 m)		防洪预报调度(起调水位 102.60 m)		最高水位约束(m)
			最高水位(m)	最大泄量(m^3/s)	最高水位(m)	最大泄量(m^3/s)	
白龟山水库以上与昭平台水库同频率	20	5	105.38	600	105.38	600	105.38
	50	2	105.88	3 000	104.76	3 000	105.90
	100	1	105.93	6 074	105.21	5 734	106.19
	2 000	0.05	109.35	7 241	108.99	7 139	109.56
白龟山水库以上与昭—白区间同频率	20	5	105.18	600	105.18	600	105.38
	50	2	105.60	3 000	105.15	3 000	105.90
	100	1	106.03	6 134	105.98	6 113	106.19
	2 000	0.05	109.46	7 275	108.73	7 066	109.56

以调节白龟山水库以上与昭平台水库同频率的50年一遇洪水为例，进一步说明水库预报调度抬高汛限水位的机理，其调洪过程对比如图5.14所示。从图中可以看出，常规调度在约第110小时之后一直下泄600 m^3/s，而预报调度提前在第24～80小时一直下泄600 m^3/s，降低了调洪最高水位，进而可以抬高汛限水位。

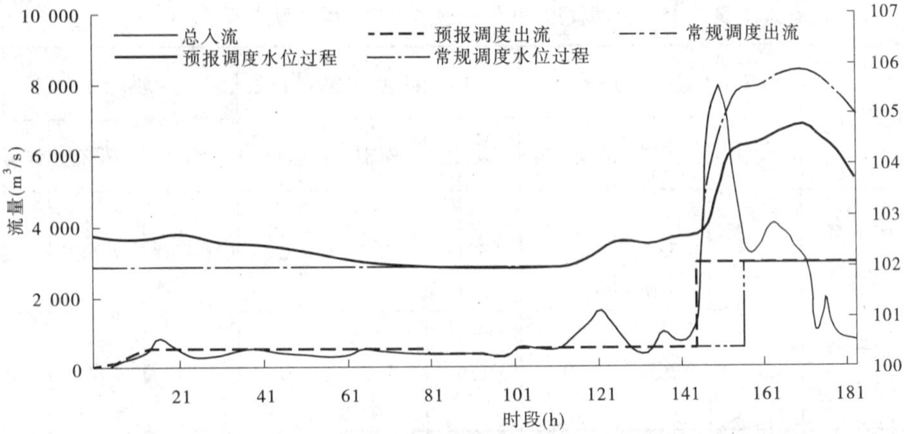

图5.14 白龟山水库以上与昭平台水库同频率的50年一遇洪水的两种调洪方式调洪过程对比

5.4.3.3 白龟山水库汛限水位上限值的确定

由表5.42和表5.44知，白龟山水库汛限水位的抬高主要受20年一遇设计洪水的制约。由102.60 m起调时，两种洪水组合，白龟山水库20年一遇洪水的调洪最高水位分别为105.18 m和105.38 m，满足调洪高水位105.38 m的约束。尽管其他频率洪水的调洪最高水位明显低于相应的水位约束，由于受20年一遇洪水调洪水位的制约，主汛期汛限水位最多能抬高至102.60 m。

昭平台水库遭遇20年一遇洪水时，在敞泄后的退水段进行了控制，从而将其泄流对白龟山水库调洪的影响减小到了最低。以白龟山水库以上与昭—白区间同频率20年一遇为例，其敞泄时段仅为3 h，调洪过程见图5.15。

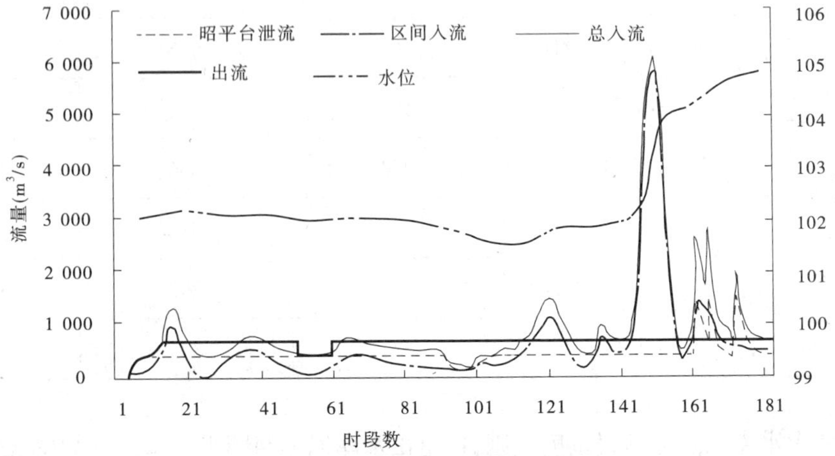

图5.15 白龟山水库以上与昭—白区间同频率的20年一遇洪水调洪过程

5.4.3.4　**白龟山水库防洪预报调度规则的合理性分析**

5.4.3.4.1　白龟山水库遭遇20～50年一遇洪水情况

反演模拟白龟山水库以上30年一遇洪水的净雨情况及对应的7 d净雨总量分别见表5.45和表5.46。

表5.45　反演模拟30年一遇洪水的净雨过程成果

洪水地区组合		7 d洪量($\times 10^6 m^3$)			1 d洪量($\times 10^6 m^3$)			洪峰(m^3/s)		
		设计	模拟	误差(%)	设计	模拟	误差(%)	设计	模拟	误差(%)
白龟山水库以上与昭平台水库同频率	昭平台水库设计	583	583	0	321	321	0	10 970	7 242	34
	昭—白区间相应	267	267	0	150	150	0	4 840	4 801	0.8
白龟山水库以上与昭—白区间同频率	昭平台水库相应	452	453	0.2	237	237	0	5 480	4 819	12
	昭—白区间设计	383	383	0	219	219	0	7 117	7 158	−0.6

注:所有模拟的峰现时间与设计值均相同。

表5.46　白龟山水库以上30年一遇洪水对应的7 d净雨总量　　(单位:mm)

频率(%)		5	3.33	2
重现期(年)		20	30	50
白龟山水库以上与昭平台水库同频率	昭平台水库设计	361	408	462
	昭—白区间相应	186	204	229
	全区	274	306	346
白龟山水库以上与昭—白区间同频率	昭平台水库相应	292	316	358
	昭—白区间设计	261	292	343
	全区	277	304	351

按照白龟山水库的防洪预报调度规则,白龟山水库以上与昭平台水库同频率、白龟山水库以上与昭—白区间同频率的两种洪水组合的30年一遇设计洪水调洪成果见表5.47。

表 5.47　白龟山水库 30 年一遇洪水的防洪预报调度调洪成果(起调水位 102.60 m)

洪水地区组成	重现期(年)	频率(%)	昭平台水库		白龟山水库(按旧库容曲线计算)		最高水位约束(m)
			最高水位(m)	最大泄量(m^3/s)	最高水位(m)	最大泄量(m^3/s)	
白龟山水库以上与昭平台水库同频率	20	5	174.80	2 510	105.38	600	105.38
	30	3.33	175.09	2 609	105.47	3 000	105.38～105.90
	50	2	176.36	3 071	104.76	3 000	105.90
白龟山水库以上与昭—白区间同频率	20	5	174.51	2 381	105.18	600	105.38
	30	3.33	174.54	2 401	105.45	3 000	105.38～105.90
	50	2	174.78	2 502	105.15	3 000	105.90

由表 5.47 可知,主汛期汛限水位上限由 102.00 m 抬高到 102.60 m,按白龟山水库以上全区累积净雨为主,辅以库水位作为白龟山水库泄洪指标的防洪预报调度方式,调节白龟山水库以上 20～50 年一遇各种洪水,较原常规洪水调度方式的调洪结果,不会增加水库本身和下游防护对象的防洪风险。

5.4.3.4.2　减小白龟山水库下游河道安全泄量时的情况分析

若白龟山水库下游河道安全泄量由 3 000 m^3/s 减少到 2 100 m^3/s,白龟山水库遭遇 20 年一遇以上的入库洪水时,按白龟山水库的防洪预报调度规则调洪,仍能保证水库自身和其下游防护对象的防洪安全,较原常规洪水调度方式,不会增加防洪风险。其防洪预报调度调洪结果见表 5.48。

表 5.48　白龟山水库防洪预报调度调洪成果比较

(白龟山水库下游河道安全泄量由 3 000 m^3/s 减少到 2 100 m^3/s 的情况)

洪水地区组成	重现期(年)	频率(%)	白龟山水库(河南省水利勘测设计院)(起调水位 102.00 m)按照新库容曲线计算		白龟山水库(大连理工大学)(起调水位 102.60 m)按照旧库容曲线计算		最高水位约束(m)
			最高水位(m)	最大泄量(m^3/s)	最高水位(m)	最大泄量(m^3/s)	
白龟山水库以上与昭平台水库同频率	20	5	105.38	600	105.38	600	105.38
	30	3.33	—	—	105.57	2 100	105.38～105.90
	50	2	105.90	3 000	105.81	2 100	105.90
	100	1	105.97	6 442	105.80	6 024	106.19
	2 000	0.05	109.48	7 416	109.05	7 157	109.56
白龟山水库以上与昭—白区间同频率	20	5	105.18	600	105.18	600	105.38
	30	3.33	—	—	105.45	2 100	105.38～105.90
	50	2	105.61	3 000	105.87	2 100	105.90
	100	1	106.19	6 432	106.14	6 176	106.19
	2 000	0.05	109.52	7 426	109.14	7 185	109.56

5.4.3.5 白龟山水库防洪预报调度研究结论

(1)由于全区净雨总量和白龟山水库的实际入库总量存在着相关性,即全区净雨总量在一定程度上能够表征白龟山水库的实际入库总量,在进行白龟山水库预报调度设计时,采用"预报的全区累积净雨量"作为遭遇洪水量级及相应泄量的判断指标。实际调洪计算表明是可行的。

(2)应用"预报累积净雨"或辅以"实际入库流量与水库水位"作为防洪预报调度方式的控制指标(或规则)是可行的。比常规的水位控制指标提前判断洪水发生的量级,并改变下泄流量,能预泄腾空部分库容。若仍保持原汛限水位,则能提高防洪能力与防洪效益;若抬高汛限水位,便可增加洪水资源利用率。

(3)白龟山水库上游建有昭平台水库,其预报调度设计比一般的单库要复杂,需考虑昭平台水库泄流对其水库调洪的影响。昭平台水库的控制洪水的能力较弱,超过 10 年一遇洪水便要敞泄。在此次预报调度设计中,为了减缓昭平台水库泄流对白龟山水库的影响,在昭平台水库敞泄后的退水段进行了控制,而不是一直敞泄,白龟山水库的汛限水位最多能抬高至 102.60 m。

(4)此次研究的防洪预报调度规则是依据 1955 年典型洪水过程放大的设计洪水过程确定的。由于实时预报调度所遇到的洪水大多数是非典型的一般洪水,不可能完全依据 1955 年典型洪水做出的预报调度规则进行调度。所以,实时调度中既要符合设计的预报调度原则,又要根据实际发生而又能比较准确预报的洪水过程,兼顾上、下游的要求,兼顾防洪、兴利效益,适时控制洪水蓄、泄过程。

(5)典型洪水过程的代表性对所确定的防洪预报调度规则的可操作性影响很大,提高典型洪水过程的代表性将是今后防洪预报调度设计研究的方向。

(6)以累积净雨总量作为控制指标的预报调度方式,建议将主汛期汛限水位动态控制的上限定为 102.60 m。在实时调度中,根据实时预报过程选取修正方案。防洪预报调度的调洪最高水位 108.99 m 与校核洪水位 109.56 m 之间库容,可留做实时调度中防御"降雨径流预报误差"使用。

(7)建议暂不考虑降雨预报信息的预报调度方式设计。必要时,至多考虑"晴雨" 短时预报信息。

5.4.4 类似水库实施"防洪预报调度方式"设计应具备的基本条件

5.4.4.1 待建水库实施"防洪预报调度方式"设计的基本条件

(1)设计所依据的断面典型洪水过程具有相应的场次降雨过程记录。

(2)设计断面上、下游附近水文站点具有满足规范要求,可发布预报的洪水预报方案。若设计水库属于大型年或多年调节水库且防洪库容较大,洪量起控制作用,要求产流预报精度达到规范甲级水平;若设计水库调节能力差且防洪库容较小,洪峰起控制作用,则要求产、汇流预报精度达到规范甲级水平。

(3)水库设计时考虑建设"水雨情实时遥测、预报调度"系统,并配备专管技术人员,保证系统正常运行。

(4)水库将设计建设与决策机构联系的"通讯系统",并配备专管技术人员保证系统畅通。

(5)提供“弥补预报误差的可行工程措施或非工程措施”分析报告。

5.4.4.2　**已建水库实施“防洪预报调度方式”设计的基本条件**

(1)水库原设计所依据的典型洪水过程或者运行中实际发生的各类典型洪水过程,都具有相应的场次逐段降雨过程记录。

(2)若水库属于大型年或多年调节水库且防洪库容较大,洪量起控制作用,要求通过多年作业预报检验,洪水预报方案的产流预报精度达到规范甲级水平;若水库调节能力差且防洪库容较小,洪峰起控制作用,则要求产、汇流预报精度达到规范甲级水平。

(3)已建设的水雨情实时遥测、预报调度系统,配备了专管技术人员,经多年检验和考评认定“系统运行正常”。信息传递畅通率、误码率达到规范要求,作业预报精度为甲级水平。

(4)与决策机构联系的“通讯系统”,已配备了专管技术人员,经多年运行、考评证明,系统畅通率99.99%。

(5)提供了“弥补预报误差的可行工程措施或非工程措施”分析与检验报告。

5.5　汛限水位动态控制约束域确定方法及应用研究

5.5.1　概述

目前,在水库汛期防洪实时调度中,既存在为保证下游防洪安全,无限要求减少下泄流量的现象,又存在为增加兴利蓄水而无限抬高汛限水位的现象,两者都增加了水库防洪风险,因此有必要安全经济地确定一个汛限水位动态控制范围。

研究确定汛限水位动态控制范围的方法,通常从工程措施和非工程措施两方面考虑。分析白龟山水库工程现状,工程措施可采用白龟山水库上游昭平台水库的余富防洪库容,但因两者水文同步,所以潜力较小;非工程措施可采用“预报调度方式确定汛限水位”、“统计年内洪水统计特性变化规律”法,预泄能力约束法等。最后,依据各非工程措施计算的动态控制汛限水位域值集,应用包线法确定其上下限值,即所谓的汛限水位极限允许动态控制范围。

5.5.2　防洪预报调度方式确定的汛限水位允许动态控制值

本方法是以水库加固后的水库及其上下游防洪要求为原则,各特征约束值为“0.05%标准的校核洪水位109.56 m”、“1%标准的设计洪水位106.19 m”、“2%标准的下游组合流量<3 000 m^3/s且调洪最高库水位低于105.90 m”、“5%标准的下游组合流量<600 m^3/s且调洪最高库水位低于105.38 m”。选用预报净雨作为控制指标的预报调度方式:一是调节本次复核设计的各标准洪水过程,二是按“预报调度方式”,以全区净雨总量为判据,调节白龟山水库以上各设计洪水过程,此时推求的洪水起调水位102.60 m为汛期极限允许起调水位,亦称本方法确定的汛限水位极限允许动态控制值。

5.5.3　统计洪水季节性变化规律确定汛限水位允许动态控制值

白龟山水库原设计的汛期不分期,汛期为6月21日～9月30日,汛限水位为102.00 m。此次研究由延长后的洪水资料,考虑洪水年际和年内统计特性变化规律,将白龟山水库汛期分为两期：主汛期为 6 月 21 日～8 月 10 日，汛限水位为 102.00 m；后汛期为 8 月 11 日～9 月 30 日，汛限水位上限为 103.00 m。

5.5.4 预泄能力约束法

5.5.4.1 基本思想

实时调度中，预泄能力约束法是汛限水位动态控制较常用的方法。其基本思想是：在预见期内有多大泄流能力就将汛限水位向上浮动多少。白龟山水库汛限水位动态控制的影响因素，包括面临时刻的水情、雨情、工情；入库洪水预报和降雨预报的预见期、预见期内的预报入库量及其误差分布；预见期内预泄能力；下游河道允许预泄的流量；决策等信息传递的稳定性、速度及闸门操作时间等。若用公式概括上述诸因素，可写为

$$\Delta Z_1 \leqslant f[(q_{出} - Q_{入}) \times t_1] \quad (q_{出} \leqslant q_{安}) \tag{5.10}$$

式中：ΔZ_1 为 t_1 时期后，在规划确定汛限水位 Z_0 以上的浮动增值；$f[\cdot]$为库容水位关系；t_1 为降雨预报或洪水预报预见期减去信息传递、决策、闸门操作时间的有效预见期；$Q_{入}$ 为 t_1 时期内平均入流量；$q_{出}$ 为 t_1 时期内平均泄流量；$q_{安}$ 为防护点堤防过流能力。

5.5.4.2 方法步骤

汛限水位上浮值的确定分以下 4 个步骤。

(1)计算有效预见期 t_1。

$$t_1 = t_f - t_c - t_j - t_z \tag{5.11}$$

式中：t_f 为短期降雨预报的预见期；t_c 为预报信息传递时间；t_j 为预泄决策调令传播时间；t_z 为闸门操作时间。

(2)求 t_1 期间平均出流 $q_{出}$。

假定经 t_1 时期后浮动水位增值为 ΔZ_1，则绝对水位为 $Z_{t1} = Z_0 + \Delta Z_1$，根据 Z_{t1}与 Z_0 查水位泄量关系，得 q_{t1}和 q_0，近似求 t_1 期间平均出流

$$q_{出} = (q_{t1} + q_0)/2$$

(3)求 $Q_{入}$。

据面临时刻 t_0 预报的入库洪水过程推求 t_1 期间平均入库流量。用梯形法或矩形法可求出 $Q_{入}$。

(4)汛限水位上浮值计算。

计算预泄水量

$$(q_{出} - Q_{入}) \times t_1 = \Delta V_1 \tag{5.12}$$

计算上浮后的库容

$$V_{t1} = V_0 + \Delta V_1 \tag{5.13}$$

式中：V_0 为面临时刻 t_0 水位 Z_0 所对应的库容。由 V_{t1}查库容—水位关系得到 Z'_{t1}，若 $Z'_{t1} \approx Z_{t1}$则试算停止，否则重设 Z_{t1}，重复上述步骤(2)～(4)，直到满足要求为止。Z_{t1}即为允许上浮的汛限水位。

5.5.4.3 结论

白龟山水库的预泄能力，第一，受下游安全泄量约束，采用白龟山水库下游安全泄量

600 m^3/s(20 年一遇洪水的控泄条件)；第二，受预泄时的退水流量约束，采用多年统计的库水位持平或下降的入库流量 50 m^3/s；第三，受城市供水与灌溉日平均出流约束，取 5 m^3/s；第四，受预泄时间约束，根据短期降雨预报的成果，可利用短期降雨预报的有效预见期(24 h)，扣除预报信息传递时间和预泄决策调令传达及实施时间，为保证安全计取 12 h。基于上述条件预泄水量至少为 23.98×10^6 m^3(即(600＋5－50) $m^3/s\times43\ 200$ s)，在原汛限水位 102.00 m 对应的库容基础上增加 23.98×10^6 m^3，此时对应的水位为 102.40 m，以其作为水库汛限水位以预泄能力为基础的极限允许动态控制范围的上限，计算成果见表 5.49。

表 5.49　白龟山水库以预泄能力为基础的极限允许动态控制范围的上限

日平均出流(m^3/s)		日最小平均入流(m^3/s)	有效预见期(h)	预泄水量($\times10^6$ m^3)	控制上限相应水位(m)
安全泄量	城市供水				
600	5	50	12	23.98	102.40

5.5.5　包线法确定汛限水位极限允许动态控制范围

通过上述各个方法推求的汛期极限允许起调水位列入表 5.50。

综合分析，确定主汛期(6 月 21 日～8 月 10 日)的汛限水位动态控制域为 102.00～102.60 m；后汛期(8 月 11 日～9 月 30 日)的汛限水位动态控制域为 120.60～103.00 m(兴利蓄水位)。

表 5.50　汛期极限允许起调水位成果

动态控制方法		极限允许起调水位(m)
防洪预报调度方式		102.60
统计洪水季节性变化规律	6 月 21 日～8 月 10 日	102.00
	8 月 11 日～9 月 30 日	103.00
预泄能力约束法		102.40
现设计的兴利蓄水位		103.00

5.6　汛限水位动态控制方法

汛限水位动态控制方法是指在汛限水位极限允许控制的上下范围内，根据实时降雨预报、降雨径流预报信息、水库面临时刻水情，水库的泄流能力及约束条件，确定预见期内控制汛限水位值的方法。

值得指出的是，只有当水库水位落在汛限水位动态控制范围内且处于洪水的退水期，才存在汛限水位动态控制问题。

本节主要研究预蓄预泄法和综合信息模糊推理模式法。

第 5.5 节研究的分期抬高的汛限水位及其动态控制域，仍是设计阶段的成果，只能是实时调度阶段汛限水位动态控制的一个约束或参考值。

5.6.1 预蓄预泄法

预蓄预泄法是基于原设计安全度的一种较常用的汛限水位动态控制方法。基本思想是:当预报无雨时,在有效预见期内,水库有多大泄流能力,就将汛限水位上浮多少,且留一定余地;当预报有雨或有较大降雨时,在有效预见期内的退水过程有多大的余富水量,便将汛限水位下调多少,亦留一定的余地,后者又称预泄回充法。

5.6.1.1 预蓄预泄法动态控制汛限水位的影响因素分析

白龟山水库预蓄预泄法动态控制汛限水位的影响因素,包括面临时刻的水情、雨情、工情,入库洪水预报和降雨预报的预见期,预见期内的预报入库洪量及其误差分布,预见期内预泄能力,下游河道允许预泄的流量,决策等信息传递的稳定性、速度及闸门操作时间等。

前面曾分析过白龟山水库洪水产、汇流预报方案和平顶山市降雨预报的预见期、精度分析与误差分布,说明洪水产流预报方案及平顶山市的未来 24 h 降雨预报信息可利用。白龟山水库闸门已实现自动控制,库水位在 102.00～103.00 m 之间的泄流能力为 3 700～4 400 m^3/s,预泄能力有余。水库自动测报预报调度系统的信息传递稳定,决策人员与调度人员之间的通讯畅通率高,通话迅速。上述的宏观分析说明白龟山水库具有利用预蓄预泄法动态控制汛限水位的条件。

较具体的分析见"汛限水位极限允许动态控制范围" 的预泄能力约束法。分析白龟山水库的预泄能力的主要约束条件有:①下游安全泄量约束,采用白龟山水库第一级控泄流量 600 m^3/s;②预泄时的退水流量约束,采用泄流时库水位持平或下降的入流量 50 m^3/s;③城市供水与灌溉日平均出流约束,取 5 m^3/s;④预泄时间约束,根据天气短期降雨预报的成果,虽可利用短期降雨预报的有效预见期 24 h,但要扣除预报信息传递、作业预报时间和预泄决策调令传达及实施时间、降雨提前时间,为保证安全仅取有效预见期为 12 h。

在实时调度阶段确定预蓄高度时,约束条件①、③、④可用,但条件②必须依据面临时刻入流而定。

5.6.1.2 预蓄预泄法确定上浮汛限水位的方法步骤

5.6.1.2.1 基本公式

引用公式(5.10),即

$$\Delta Z_1 \leqslant f[(q_{出} - Q_{入}) \times t_1] \quad (q_{出} \leqslant q_{安})$$

$$Z_{t1} = Z_0 + \Delta Z_1 \leqslant Z_{L\max}$$

式中:Z_{t1}为面临时刻 t_0,经 t_1 时期后上浮的汛限水位;ΔZ_1 为经 t_1 时期后,在 Z_0 以上的浮动增值;t_1 为降雨预报或洪水预报预见期减去信息传递、决策、闸门操作时间的有效预见期;$Q_{入}$ 为t_1 时期内平均入流量;$q_{出}$ 为t_1 时期内平均泄流量;$[q_{出} - Q_{入}]\times t_1$ 为 t_1 时期内可下降库容量;$f[\cdot]$为库容—水位关系;$q_{安}$ 为防护点堤防过流能力;$Z_{L\max}$为汛限水位动态控制极限允许上限值,主汛期 102.60 m,汛后期 103.00 m。

白龟山水库汛限水位动态控制的各个方案在分析后满足式(5.10)不等式条件,使实施汛限水位动态控制成为可能。

5.6.1.2.2 确定上浮后汛限水位的步骤

(1)按照公式(5.11)计算有效预见期 t_1。

$$t_1 = 12\ \text{h}$$

(2)用试算法求 t_1 期间的平均出流 $q_出$。

假定浮动水位增值为 $\Delta Z'_1$,则绝对水位值为 Z'_S(面临时刻 t_0 的汛限水位为 Z_0 值加 $\Delta Z'_1$)。

根据 Z'_S 与 Z_0,查水位—泄量关系得 q'_S 和 q_0,近似求 t_1 期间平均出流

$$q_出 = (q'_S + q_0)/2$$

(3)求 $Q_入$。

据面临时刻 t_0 预报的入库洪水过程推求 t_1 期间平均入库流量。用梯形法或矩形法都可以求出 $Q_入$。

(4)计算汛限水位上浮值。

依据公式计算值$(q_出 - Q_入) \times t_1 = \Delta V_1$,由 Z_0 所相应库容 $V_0 + \Delta V_1 = V''_S$ 查求库容水位关系得到Z''_S,如 $Z''_S \neq Z'_S$,则需重新设 Z'_S,重复上述(2)~(4)步骤,若 $Z''_S \approx Z'_S$ 则试算停止,Z'_S 即为汛限水位向上浮值。

(5)满足约束条件分析。即上浮的汛限水位是否满足 $Z'_S \leqslant Z_{L\max}$条件。

5.6.1.3 预泄回充法确定下调汛限水位值的方法步骤

5.6.1.3.1 基本公式

$$\Delta Z_2 \leqslant \phi\left[\frac{(Q_退 - q_出)}{2} \times t_2\right] \quad (q_出 \geqslant q_{工、农}) \tag{5.14}$$

$$Z_0 - \Delta Z_2 \geqslant Z_{L\min}$$

式中:Z_0 为面临时刻 t_0 的水位;ΔZ_2 为下调水位梯度值;t_2 为退水线上起始流量与达到正常供水流量时的时间间隔;$Q_退$ 为t_2 期间起始退水流量;$q_出$ 为t_2 期间平均供工业等必须流量;$q_{工、农}$供工业等最小流量;$\phi[\cdot]$为回充能力;$Z_{L\min}$为汛限水位动态控制极限允许下限值102.00 m。

5.6.1.3.2 汛限水位下调值确定步骤

(1)面临时刻 t_0 与决策时刻 t_s 的时距,即为降雨预报的有效预见期 t_1。若已知决策时刻 t_s,即可查得相应预报的退水曲线的流量 $Q_退$。

(2)求 t_2。从退水曲线上查得与工、农业正常供水流量 $q'_出$相应出现的时间t_e,则

$$t_2 = t_e - t_s$$

(3)求决策时刻 t_s 应下调的汛限水位值。先求可能回充的水量 $\Delta V_2 = (Q_退 - q_出)/2 \times t_2$,由 Z_0 所对应的库容 $V_0 - \Delta V_2 = V_s$,查库容—水位关系得到 Z_s,即决策时刻 t_s 应下调的汛限水位值。

(4)预泄流量计算。为提高防洪效益,面临时刻 t_0 接到有暴雨预报后,可从该时的水位 Z_0 预泄,预泄流量计算式为

$$(\Delta V_2 + Q_入 \times t_1)/t_1 = q_出 \quad (q_出 \leqslant q_安) \tag{5.15}$$

式中:$Q_入$ 为降雨预报的有效预见期t_1 的平均入库流量;$q_安$为下游河道安全泄流量。

不难看出,预泄为了提高防洪效益,回充计算防止降雨预报失误后影响后期蓄水。

5.6.1.4 预蓄预泄法算例

如果面临时刻处于洪水退水阶段，且仍为主汛期，库水位由 103.2 m 降至 102.8 m，高于汛限水位动态控制上限 102.6 m，出库流量 600 m^3/s 大于入库 300 m^3/s，水位将继续下降，为充分利用洪水资源，当时根据未来 24 h 无雨信息，将出库流量减少为 290 m^3/s，保持库水位在 102.8 m；可 24 h 后接到有“中到大雨”预报信息，入库流量已退为 180 m^3/s；水库将利用预见期内预泄能力，在满足下游防洪安全前提下降低水位在汛限水位动态控制上限 102.6 m 以下。能否达到此次目的？分析计算如下。

(1)根据前面的分析，可利用短期降雨预报的有效预见期为 24 h，扣除预报信息传递时间和预泄决策调令传达及实施时间，为保证安全取 $t_1=12$ h。

(2)白龟山水库的预泄能力。第一，受下游安全泄量，即水库控泄流量的约束，控泄流量 600 m^3/s(20 年一遇洪水的控泄条件)，洪水实际最大泄流量 600 m^3/s；第二，受预泄时的退水流量约束，当时退水过程线中未来 12 h 平均入流量 140 m^3/s；第三，受城市供水等日平均出流约束，取 5 m^3/s。

(3)为保证安全，本次预泄流量仍按 $q_{出}=600\ m^3/s$ 控制，所以可计算得 12 h 可预腾水量 $\Delta V_1=(600-140)\times 43\ 200=19.872\times 10^6\ m^3$。

故预泄后所达到的库容 $V_{end}=V_{102.8}-\Delta V_1=289.568-19.872=269.696\times 10^6\ m^3$，查表得 V_{end}对应 $Z_S=102.48$ m，满足 $Z_S\leqslant Z_{限上}=102.60$ m($V_{限上}=277.276\times 10^6\ m^3$)。

若保持 V_{end}对应 $Z_{限上}=102.60$ m，可降低预腾流量 $q_{出}=[(289.568-277.276)+(140\times 0.043\ 2)]/0.043\ 2=425\ m^3/s$。

5.6.1.5 预泄回充法算例

如果面临时刻 t_0 为 8 月 1 日 8 时，库水位 Z_0 为 102.6 m，相应库容 $V_0=277.276\times 10^6\ m^3$，入库流量为 275 m^3/s，接到未来 24 h“暴雨预报”信息，为提高水库防洪能力，库水位可能下降多少？相应下泄流量为多少，并能保证预报失误(空报)后利用退水余量回充到预泄初库水位 Z_0？

(1)根据预报有效预见期 12 h，可确定预报失误决策回充时刻 t_s(8 月 1 日 20 时)预报的退水曲线的流量 $Q_{退}$ 为 245 m^3/s，在退水曲线上查得与工、农业正常供水流量 $q'_{出}=5\ m^3/s$ 相应的时间 t_e(8 月 5 日 8 时)，于是回充历时为 $t_2=t_e-t_s=84\ h=302\ 400\ s$。

(2)可求得上次洪水退水所具有回充能力

$$\Delta V_2=(Q_{退}-q'_{出})/2\times t_2=(245-5)/2\times 302\ 400=36.29\times 10^6\ m^3$$

因此允许降到的库容

$$V_{L\min}=V_0-\Delta V_2=277.276-36.29=240.986\times 10^6\ m^3$$

查库容—水位关系表得到允许时间 t_s(8 月 1 日 20 时)降低到水位值 $Z_S=Z_{L\min}=102.01$ m，满足 $102.0\leqslant Z_S\leqslant 102.6$ m(汛限水位动态控制上、下限)。

(3)相应面临时刻 t_0 至回充时刻 t_s 期间(12 h，平均入流量 260 m^3/s)，下游安全允许最低级泄流量 $q_{出}=600\ m^3/s$，所以可预泄水量为$[(600-260)\times 12\times 3\ 600]=14.688\times 10^6\ m^3$，$t_s$ 时刻库水位可能降至 $V_s=277.276-14.688=262.588\times 10^6\ m^3$；$Z_S=102.36$ m(汛限水位动态控制上、下限之间)。

(4)结论。面临时刻的水库水情及预报信息条件下，水库水位 12 h 后由汛限水位动态控制上限 102.6 m 降至下限 102.3 m，预泄流量为 600 m^3/s，等于下游允许最低级泄流量，防洪是安全的；此时若发生“降雨空报”现象，利用退水余量，水库水位将恢复到预泄前水位 102.6 m。

5.6.2 汛限水位动态控制综合信息模糊推理模式法

5.6.2.1 综合信息模糊推理模式法的基本原理

综合信息模糊推理模式法是在分析影响汛限水位控制的各种因子的基础上，把调度人员的多年控制经验和调度方式及其规则加以归纳，写成语言控制规则，再转换为推理模式，称为“大前提”。水库实时调度时，根据面临时刻的综合信息，称为“小前提”，通过模糊推理方法，给出满意的汛限水位控制方案，以此指导水库蓄或泄。关键之一是分析影响因子，即所谓的“综合信息”；关键之二是研究与选择“模糊推理”方法。

5.6.2.1.1 模糊推理方法 CRI(Compositional Rule of Inference)

本方法是 L.A.Zadeh 于 1973 年提出的。利用模糊关系的合成规则，给出如下的近似推理方法。

若给定 Fuzzy 蕴涵命题“若 A 则 B”，则定义

$$R(\mu,\nu)=(A\rightarrow B)(\mu,\nu)\triangleq[A(\mu),B(\nu)]\vee[1-A(\mu)]\quad (A\in F(\mu),B\in(\nu)) \tag{5.16}$$

若已知 $A^*\in F(U)$，则可由蕴涵关系推得 $B^*\in F(V)$，即

$$B^*=R\circ A^* \tag{5.17}$$

则 $B^*(\nu)=\sup\limits_{\mu\in U}(A^*(\mu)\wedge\{[A(\mu)\wedge B(\nu)]\vee[1-A(\mu)]\})\quad(\forall\nu)$

若给定一组 Fuzzy 蕴涵命题“若 A_i 则 B_i”，$i=1,2,\cdots,n$，$A_i\in F(\mu)$，$B_i\in F(\nu)$，则定义总的推理关系 R 为

$$R(\mu,\nu)\triangleq\bigvee_{i=1}^{n}[A_i(\mu)\wedge B_i(\nu)]\quad(\forall(\mu,\nu)) \tag{5.18}$$

此时仍可用式(5.17)作近似推理。

不难看出，模糊推理方法的核心是构造蕴涵关系，作关系合成运算。当遇到双重蕴涵命题“若 A_i 且 B_i 则 C_i”($i=1,2,\cdots,n$，$C_i\in F(\omega)$)，则总的推理关系 R 为

$$R(\mu,\nu,\omega)\triangleq\bigvee_{i=1}^{n}[A_i(\mu)\wedge B_i(\nu)\wedge C_i(\omega)]\quad(\forall\mu,\nu,\omega) \tag{5.19}$$

这是一个三元关系，计算很复杂。汛限水位动态控制涉及的因素较多，因子超过 3 个，属于多重蕴涵命题，出现了多维模糊合成运算的极大困难。L.A.Zadeh 提出的近似推理合成方法无能为力。

5.6.2.1.2 多重蕴涵命题特征展开近似推理法

这一方法是陈永义和陈图云在 1984 年提出的。其关键是二者已证明的定理 1 与定理 2。此方法即不必作合成运算，也不要构造推理关系，尤其是对多重蕴涵命题，计算很简便。

定理 1　设 $\{A_i\}$ 为 U 上的独立系，$\{B_i\}\subset F(V)$($i=1,2,\cdots,n$)；蕴涵命题“若 A_i 则 B_i”推理关系 $R=\prod\limits_{i=1}^{n}(A_i\times B_i)$，则对于任意 $A^*\in F(U)$，推理结果有

$$B^*=A^*\circ R=\prod_{i=1}^{n}a_i\quad(B_i\in F(V)) \tag{5.20}$$

其中，定义 $a_i=\sup\limits_{\mu\in U}(A^*(\mu)\wedge A(\mu))$ **为** A^* **关于** $\{A_i\}$ **的特征系数。**

定理 2　设 $\{A_i\}$、$\{B_i\}$ **为** U、V **上的独立系，** $\{C_i\}\subset F(W)(i=1,2,\cdots,n)$；**蕴涵命题"若** A_i **且** B_i **则** C_i**"的推理关系** $R=\coprod\limits_{i=1}^{n}(A_i\times B_i\times C_i)$，**则对于任意** $A^*\in F(U)$，**推理结果有**

$$C^*=(A^*\times B^*)\circ R=\coprod_{i=1}^{n}(a_i\wedge b_i)\quad(C_i\in F(W))\tag{5.21}$$

其中， $a_i=\sup\limits_{\mu\in U}(A^*(\mu)\wedge A(\mu))$，$b_i=\sup\limits_{\nu\in V}(B^*(\nu)\wedge B(\nu))$，**分别是** A^* **关于** $\{A_i\}$，B^* **关于** $\{B_i\}$ **的特征系数。**

把定理 1 与定理 2 推广到一般情况，即是多重蕴涵命题特征展开近似推理法，其要点是：

设 $\{A_i^{(1)}\}$，$\{A_i^{(2)}\}$，…，$\{A_i^{(m)}\}$ 分别是 m 个论域 $U_1,U_2,\cdots,U_m$ 的独立系，$\{B_i\}\subset F(V)$，一个近似推理系统是由一组多重蕴涵命题"若 $A_i^{(1)}$ 且 $A_i^{(2)}$ 且…且 $A_i^{(m)}$ 则 B_i"构成，如果已知 $A_i^{(1)^*}\in F(U_1)$，$A_i^{(2)^*}\in F(U_2)$，$A_i^{(m)^*}\in F(U_m)$ 则推理结果为

$$B^*=\coprod_{i=1}^{n}(\bigwedge_{j=1}^{m}a_i^{(j)})\quad(B_i\in F(V))\tag{5.22}$$

其中，$a_i^{(j)}=\sup\limits_{\mu\in U_j}(A^{j^*}(\mu)\wedge A_i^{(j)}(\mu))$；$(i=1,2,\cdots,n;j=1,2,\cdots,m)$，称为 A^{j^*} 关于 $\{A_i^{(j)}\}$ 的特征系数。这一方法的突出特点是，只要求出特征系数便可得推理结果。

5.6.2.2　白龟山水库汛限水位动态控制综合信息分析与计算

5.6.2.2.1　综合信息分析

对白龟山水库而言，综合信息是指在面临时刻 t 的实际库水位 Z_t；由实测降雨信息预报形成的第 1 天来水和第 2～5 天的退水量；平顶山市气象台预报未来 24 h($A_{24\text{ h}}$)、中央气象台 120 h($A_{120\text{ h}}$)降雨趋势预报信息；泄流能力；调度专家及决策者汛限水位控制的经验等，上述信息是影响水库汛限水位动态控制的主要因子。

5.6.2.2.2　未来 24 h 汛限水位控制值综合状态参数计算

通过第 3 章降雨预报精度分析可知，未来 24 h 降雨预报已达到可利用程度。为了简化推理模式的结构，提高推理输出的速度，在给出汛限水位控制值的同时提供泄流方案。基于水量平衡原理，将面临时刻的实际水情、雨情、工情和退水预报未来 24 h 形成的径流，用综合状态参数 W_1、W_2、W_3 描述，即

$$\left.\begin{aligned}W_1&=W_{in}(t,t+1)-W_q(t,t+1)-\Delta V_1\\W_2&=W_{in}(t,t+1)-W_y(t,t+1)-\Delta V_1\\W_3&=W_{in}(t,t+1)-W_a(t,t+1)-\Delta V_1\\\Delta V_1&=V(Z_0(t+1))-V(Z(t))\end{aligned}\right\}\tag{5.23}$$

式中：$Z(t)$ 为面临日 t 日 8 时的实际库水位；$V(Z(t))$ 为相应水位 $Z(t)$ 的库容量；$Z_0(t+1)$、$V(Z_0(t+1))$ 分别为未来 24 h(即 $t+1$ 日 8 时，间隔 1 d)汛限水位控制的理想值及相应的库容；$W_q(t,t+1)$、$W_y(t,t+1)$、$W_a(t,t+1)$ 分别为 t 日面临时刻之后 1 d 内按正常工农业供水放流、按照装机容量发电放流及按下游防护点安全泄量所要求的放流水量；

$W_{in}(t, t+1)$为由实测降雨信息预报形成的第1天退水量。

令未来1天8时(即24 h)的库水位用$Z(t+1)$表示。

若$W_1>0$,说明当预报无雨、按正常工农业供水$W_q(t,t+1)$放流时,24 h后库水位将超过理想汛限水位值,即$Z(t+1)>Z_0(t+1)$;若仍要取$Z(t+1)=Z_0(t+1)$,则需加大放水量W_1。

若$W_1<0$,说明当预报无雨、按$W_q(t,t+1)$放流时,$Z(t+1)<Z_0(t+1)$;若仍要取$Z(t+1)=Z_0(t+1)$,则需减少放水量W_1。

若$W_2>0$,说明当预报无雨、按装机发电水量$W_y(t,t+1)$放流时,$Z(t+1)>Z_0(t+1)$;若仍要取$Z(t+1) = Z_0(t+1)$,则需弃水W_2。

若$W_2<0$,说明当预报无雨、按$W_y(t,t+1)$放流时,$Z(t+1)<Z_0(t+1)$;若仍要取$Z(t+1)=Z_0(t+1)$,则需降低发电出力,即减少发电水量W_2。

若$W_3>0$,说明当预报无雨、按下游防洪安全泄量放流$W_a(t,t+1)$时,$Z(t+1)>Z_0(t+1)$;若水库防洪安全不允许超蓄,即严格控制$Z(t+1)=Z_0(t+1)$,则需加大放水量W_3,此时下泄流量超过下游防洪安全泄量,需进一步分析。

若$W_3<0$,说明当预报无雨、按$W_a(t,t+1)$放流时,$Z(t+1)<Z_0(t+1)$;若为下游安全,可再减少泄量;若为水库安全,可仍保持泄量$W_a(t+1)$。

5.6.2.2.3 未来第5天汛限水位控制值综合状态参数计算

经分析可知,白龟山水库具有1~3 d降雨,形成5~7 d洪水的产、汇流特征,且具有一场大暴雨过后下一次降雨的间隔时间平均为5 d以上的规律。为此,引入综合状态因子U_1、U_2、U_3如式(5.24)所示,以建立未来第5天汛限水位控制值的推理模式。

$$\left.\begin{aligned}U_1 &= W_{in}(t,t+5) - W_q(t,t+5) - \Delta V_2\\ U_2 &= W_{in}(t,t+5) - W_y(t,t+5) - \Delta V_2\\ U_3 &= W_{in}(t,t+5) - W_a(t,t+5) - \Delta V_2\\ \Delta V_2 &= V(Z_0(t+5)) - V(Z(t))\end{aligned}\right\} \tag{5.24}$$

式中:$V(Z(t))$为面临日t的8时水位$Z(t)$的相应库容;$V(Z_0(t+5))$为未来120 h(即$t+5$日8时,间隔5 d)汛限水位动态控制理想值$Z_0(t+5)$所相应的库容;$W_q(t,t+5)$、$W_y(t,t+5)$、$W_a(t,t+5)$分别为未来120 h内按工农业需要供水、按装机容量出流、按下游防洪安全泄量要求放流的水库放水量;$W_{in}(t,t+5)$为未来120 h内,由实测降雨信息预报形成的未来5 d的退水量,包括基流水量。

参数U_1、U_2、U_3的意义可参照W_1、W_2、W_3进行解释,即:

若$U_1>0$,则说明当预报无雨、5 d内放流方案为$W_q(t,t+5)$时,未来120 h库水位$Z(t+5)>Z_0(t+5)$;$U_1<0$,则$Z(t+5)<Z_0(t+5)$。

若$U_2>0$,则说明当预报无雨、5 d内放流方案为$W_y(t,t+5)$时,$Z(t+5)>Z_0(t+5)$;$U_2<0$,则$Z(t+5)<Z_0(t+5)$。

若$U_3>0$,则说明当预报无雨、5 d内放流方案为$W_a(t,t+5)$时,$Z(t+5)>Z_0(t+5)$;$U_3<0$,则$Z(t+5)<Z_0(t+5)$。

这组参数是面临时刻以后5 d内无降雨时3种不同泄流状态的水库综合状态参数。

5.6.2.3 **白龟山水库未来 24 h 汛限水位动态控制推理模式的建立**

5.6.2.3.1 未来 24 h 汛限水位控制值综合参数推理模式结构

通过式(5.23)综合参数分析与计算，从简单实用角度出发，建议目前阶段，白龟山水库汛限水位动态控制采用综合参数推理模式法，其结构形式为

$$\left.\begin{array}{l} \text{If } T_k \text{ And } A_j \text{ And } W_i \text{ Then } Z_d(t+1) \text{ And } Q_d(t,t+1) \\ Z_d(t+1) \leqslant Z_{\text{校}} \\ Q_d(t,t+1) = [W_s(t,t+1) \pm W_i]/\Delta t \\ Q_d(t,t+1) \leqslant Q_{\text{安}} \\ k=1,\cdots,4; j=1,2; i=1,2,3; s=q,y,a \end{array}\right\} \tag{5.25}$$

式中：$Z_d(t+1)$为通过分析确定的$(t+1)$时刻汛限水位动态控制值；T_k 为当前调度所处时期，T_1、T_2、T_3、T_4 分别代表主汛期涨洪期、主汛期退水期、后汛期涨洪期、后汛期退水期；A_j 为气象降雨预报分级，根据已分析的气象降雨预报可利用水平，将未来 24 h 气象降雨预报分为二级，即 $A_1=\{$降雨$\leqslant$10 mm$\}$、$A_2=\{$降雨$>$10 mm$\}$，上述分级基本属于中雨以下、中雨以上量级；W_i 为式(5.23)中的综合状态参数；$Z_{\text{校}}$ 为校核洪水位；$W_s(t,t+1)$为 3 种泄流方案泄水量，$s=q,y,a$ 时 $W_s(t,t+1)$的意义同式(5.23)；$Q_{\text{安}}$ 为下游河道安全泄流量；$Q_d(t,t+1)$为 Δt(24 h)内泄流量(决策方案)。

5.6.2.3.2 未来 24 h 推理模式大前提的建立

根据汛限水位动态控制的关键时期分析可知，若当前调度时期为 T_1 或 T_3，则无须研究汛限水位动态控制问题，此时应按水库预报调度规则(以 P 表示)进行调洪，水位与泄流量分别用 $Z_P(t+1)$与 $Q_P(t+1)$表示；若当前调度时期为 T_2，则需研究汛限水位动态控制问题，此时 $Z_d(t+1)=[102.0,102.6]$；若当前调度时期为 T_4，则汛限水位 $Z_d(t+1)=[102.6,103.0]$。

推理模式大前提用逻辑语句表达如下：

(1)If T_1 or T_3 then $Z_d(t+1)=Z_P(t+1)$ and $Q_d(t+1)=Q_P(t+1)$；

(2)If T_2 and A_1 then $Z_d(t+1)=[102.3,102.6]$ and $Q_d(t,t+1)=[W_s(t+1)\pm W_i]/\Delta t, s=q,y,a$；

(3)If T_2 and A_2 then $Z_d(t+1)=[102.0,102.3]$ and $Q_t=[W_s(t+1)\pm W_i]/\Delta t, s=q,y,a$；

(4)If T_4 and A_1 then $Z_d(t+1)=103.0$ and $Q_d(t,t+1)=[W_s(t+1)\pm W_i]/\Delta t, s=q,y,a$；

(5)If T_4 and A_2 then $Z_d(t+1)=[102.6,103.0]$ and $Q_t=[W_s(t+1)\pm W_i]/\Delta t, s=q,y,a$。

用语言描述如下：

(1)若全汛期处于涨洪阶段，则无须研究汛限水位动态控制问题，按照预报调度规则放流；

(2)主汛期的一次洪水退水阶段，如未来 24 h 有无雨或小雨量级的降雨预报信息，动态汛限水位按照 102.3～102.6 m 控制，在汛限水位控制值约束下，有多少水按 3 种方案之一均匀泄流，但必须满足正常供水和下游防洪要求；

(3)主汛期的一次洪水退水阶段，如未来 24 h 有中雨以上量级的降雨预报信息，动态汛限水位按照 102.0～102.3 m 控制，在汛限水位控制值约束下，有多少水按 3 种方案之一均匀泄流，但必须满足正常供水和下游防洪要求；

(4)后汛期的一次洪水退水阶段，如未来 24 h 有无雨或小雨量级的降雨预报信息，汛限水位按照 103.0 m 控制，在汛限水位控制值约束下，有多少水按 3 种方案之一均匀泄流，但必须满足正常供水和下游防洪要求；

(5)后汛期的一次洪水退水阶段，如未来 24 h 有中雨以上量级的降雨预报信息，动态汛限水位按照 102.6～103.0 m 控制，在汛限水位控制值约束下，有多少水按 3 种方案之一均匀泄流，但必须满足正常供水和下游防洪要求。

基于上述所建立推理模式称为"大前提"，若已知面临时刻 t 的上述诸因子(称"小前提")，则可通过"大前提"推理出未来 24 h 汛限水位动态控制值及相应的泄流方案。

5.6.2.4 白龟山水库未来 5 d 汛限水位动态控制推理模式的建立

5.6.2.4.1 未来 5 d 汛限水位控制值综合参数推理模式结构

通过式(5.24)综合参数分析与计算，考虑到未来 5 d 降雨预报信息尚未经过长期检验，故从安全角度出发，建议目前阶段，白龟山水库未来 5 d 汛限水位动态控制综合参数推理模式法仅供参考，其结构形式类似于式(5.25)，即

$$\left.\begin{array}{l} \text{If } T_k \text{ And } A_j \text{ And } U_i \text{ Then } Z_d(t+5) \text{ And } Q_d(t,t+5) \\ Z_d(t+5) \leqslant Z_{校} \\ Q_d(t,t+5) = [W_s(t,t+5) \pm W_i]/\Delta t \\ Q_d(t,t+1) \leqslant Q_{安} \\ k=1,\cdots,4; j=1,2; i=1,2,3; s=q,y,a \end{array}\right\} \tag{5.26}$$

式中：$Z_d(t+5)$为通过分析确定的$(t+5)$时刻汛限水位动态控制值；T_k 为当前调度所处时期，T_1、T_2、T_3、T_4 分别代表主汛期的涨洪期、主汛期的前退水期、后汛期的涨洪期、后汛期的退水期；A_j 为气象降雨预报分级，根据已分析的气象降雨预报可利用水平，将未来 5 d 气象降雨预报分为二级，即 $A_1=\{降雨\leqslant 10\ \text{mm}\}$、$A_2=\{降雨>10\ \text{mm}\}$，上述分级基本属于中雨以下、中雨以上量级；$U_i$ 为式(5.26)中的综合状态参数；$Z_{校}$ 为校核洪水位；$W_s(t,t+5)$ 为 3 种泄流方案的泄水量，$s=q,y,a$ 时，$W_s(t,t+5)$的意义同式(5.24)；$Q_{安}$ 为下游河道安全泄流量；$Q_d(t,t+5)$为 Δt(120 h)内泄流量(决策方案)。

5.6.2.4.2 未来 5 d 推理模式"大前提"的建立

根据汛限水位动态控制的关键时期分析得知，若当前调度时期为 T_1 或 T_3，则无须研究汛限水位动态控制问题，此时应按水库预报调度规则(以 P 表示)进行调洪，水位与泄流量分别用 $Z_P(t+5)$与 $Q_P(t+5)$表示；若当前调度时期为 T_2，则需研究汛限水位动态控制问题，此时 $Z_d(t+1)=[102.0,102.6]$；若当前调度时期为 T_4，则汛限水位 $Z_d(t+1)=[102.6,103.0]$。

推理模式大前提用逻辑语句表达如下：

(1)If T_1 or T_3 then $Z_d(t+5)=Z_P(t+5)$ and $Q_d(t+5)=Q_P(t+5)$；

(2)If T_2 and A_1 then $Z_d(t+5)=[102.3,102.6]$ and $Q_d(t,t+5)=[W_s(t+5)\pm U_i]/\Delta t$，$s=q,y,a$；

(3) If T_2 and A_2 then $Z_d(t+5)=[102.0,102.3]$ and $Q_t=[W_s(t+5)\pm U_i]/\Delta t, s=q,y,a$;

(4) If T_4 and A_1 then $Z_d(t+5)=103.0$ and $Q_d(t,t+5)=[W_s(t+5)\pm U_i]/\Delta t, s=q,y,a$;

(5) If T_4 and A_2 then $Z_d(t+5)=[102.6,103.0]$ and $Q_t=[W_s(t+5)\pm U_i]/\Delta t, s=q,y,a$。

用语言描述如下：

(1)若全汛期处于涨洪阶段,则无须研究汛限水位动态控制问题,按照预报调度规则放流;

(2)主汛期的一次洪水退水阶段,如未来 5 d 有无雨或小雨量级的降雨预报信息,动态汛限水位按照 102.3～102.6 m 控制,在汛限水位控制值约束下,有多少水按 3 种方案之一均匀泄流,但必须满足正常供水和下游防洪要求;

(3)主汛期的一次洪水退水阶段,如未来 5 d 有中雨以上量级降雨预报信息,则动态汛限水位按照此阶段下限值 102.0～102.3 m 控制,在蓄至汛限水位控制值的前提下,有多少水按 3 种方案之一均匀泄流,但必须满足正常供水和下游防洪要求;

(4)后汛期的一次洪水退水阶段,如未来 5 d 有无雨或小雨量级的降雨预报信息,汛限水位按照 103.0 m 控制,在汛限水位控制值约束下,有多少水按 3 种方案之一均匀泄流,但必须满足正常供水和下游防洪要求;

(5)后汛期的一次洪水退水阶段,如未来 5 d 有中雨以上量级降雨预报信息,则动态汛限水位按照此阶段下限值 102.6～103.0 m 控制,在蓄至汛限水位控制值的前提下,有多少水按 3 种方案之一均匀泄流,但必须满足正常供水和下游防洪要求。

基于上述建立推理模式称为“大前提”,若已知面临时刻 t 的上述诸因子(称“小前提”),则可通过“大前提”推理得到未来 5 d 汛限水位动态控制值及相应的泄流方案。

5.7 汛限水位动态控制方案的效益分析

5.7.1 效益分析方法研究

5.7.1.1 方法研究的目的与内容

5.7.1.1.1 研究的目的

在不增加水库上、下游防洪风险的前提下,研究动态控制汛限水位可增加的兴利效益。如何计算其效益涉及方法问题,不同方法计算出的效益是不同的。因此,通过方案相对比较,选择一个合理且符合实际效益增值的计算方法,既具有理论价值又具有实际意义。

5.7.1.1.2 研究的主要内容

研究昭平台、白龟山水库库群兴利效益,主要是在上游昭平台水库(多年调节水库)不改变原设计兴利、调洪原则的情况下,白龟山水库变动汛限水位,对水库各种兴利指标如工业与民用供水、灌溉、弃水、不足水量、各用水部门供水保证率以及相应兴利效益的影响变化情况。

5.7.1.2　**方法研究所依据的基本资料**

(1)径流资料。昭平台水库1972～2001年逐旬、逐日、逐时段入库流量(水量)资料，昭—白区间1972～2001年逐旬、逐日、逐时段流量(水量)资料。

(2)昭平台水库、白龟山水库两库的水位—库容、水位—泄量、水位—面积关系资料。

(3)昭平台水库、白龟山水库两库的特征水位及相应库容资料。

(4)库面蒸发资料。

白龟山水库库面蒸发计算公式为

$$w_z = 0.1\,kAE$$

式中：w_z 为蒸发量，$\times 10^4\ m^3$；k 为蒸发系数，见表5.51；A 为水库水面面积，km^2；E 为蒸发深度，采用1972～2001年共30年的多年平均日蒸发深度代替，mm。

表5.51　水库蒸发系数

月份	1	2	3	4	5	6	7	8	9	10	11	12
k	0.92	0.92	0.92	0.92	0.94	0.94	0.97	0.94	0.92	0.91	0.83	0.87

(5)库区渗漏损失采用下面公式计算。

渗流流量(单位：m^3/s)为

$$q = 0.002(h-98)^2 + 0.082(h-98) + 0.42$$

渗流水量(单位：m^3)为

$$W_l = q\Delta t$$

式中：h 为时段 Δt 对应的平均水位，m。

(6)水库兴利指标。昭平台水库、白龟山水库1972～2001年逐旬毛灌水定额资料。

昭平台水库原设计工业与民用供水 $10\times10^6\ m^3/a$；设计灌溉面积 90×10^4 亩。

白龟山水库原计划工业与民用供水 $118\times10^6\ m^3/a$，远景计划 $135\times10^6\ m^3/a$；原设计灌溉面积 50×10^4 亩，远景计划减为 35×10^4 亩。

(7)水库控制运用规则。

昭平台水库、白龟山水库两库联调。昭平台水库遵照其原设计的兴利调度和洪水调度规则；昭平台水库放水与昭—白区间径流为白龟山水库入流。

白龟山水库原设计的洪水调度规则见4.2.3部分。

白龟山水库兴利调度规则为：枯水期，库水位在兴利蓄水位(103.0 m)以上，农业灌溉、工业与民用供水正常，弃水使库水位回落到兴利蓄水位；库水位在兴利蓄水位以下、农业限制供水水位(101.5 m)以上，农业灌溉、工业与民用供水正常；库水位在农业限制供水水位以下、农业停止供水水位(99.5 m)以上，农业减少30%供水，工业与民用供水正常；库水位在农业停止供水水位以下、死水位(97.5 m)以上，农业停止供水，工业与民用供水正常；库水位在死水位以下，工、农业停止供水。

汛期，库水位在汛限水位(102.6 m)以上，农业灌溉、工业与民用供水正常，弃水使库水位回落到汛限水位；库水位在汛限水位以下、农业限制供水水位(100.8 m)以上，农业灌溉、工业与民用供水正常；库水位在农业限制供水水位以下、农业停止供水水位(99.3 m)以上，农业减少30%供水，工业与民用供水正常；库水位在农业停止供水水位以下、死水位(97.5 m)

以上，农业停止供水，工业与民用供水正常；库水位在死水位以下，工、农业停止供水。

5.7.1.3 效益分析计算的基本原理

兴利调节计算的基本原理是联解水量平衡方程与运动方程，离散化后按时段的水库水量平衡方程与运动方程（用水位库容、水位泄量关系替代）列为：

$$W_{末} = W_{初} + W_{入} - W_{供} - W_{灌} - W_{蒸渗} - W_{弃} \tag{5.27}$$

$$W = f(Z), W_{弃} = \Phi(Z)\Delta t \tag{5.28}$$

式中：$W_{末}$ 为计算时段末的水库蓄水量；$W_{初}$ 为计算时段初的水库蓄水量；$W_{入}$ 为计算时段的入库水量；$W_{供}$ 为计算时段的水库工业供水量；$W_{灌}$ 为计算时段的农业灌溉用水量；$W_{蒸渗}$ 为计算时段的蒸发渗漏量；$W_{弃}$ 为弃水量，通过水位库容 $W = f(Z)$ 关系和水位泄量 $q = \Phi(Z)$ 关系计算。

5.7.2 不同“输入资料水平”效益分析计算方法

兴利长系列调节的起调时间为1972年10月1日～2001年9月30日，起调水位为正常高水位（103.0 m）。

5.7.2.1 两种方法比较

水库在原计划的供水指标下（工业与民用供水为 118×10^6 m^3/a、农业灌溉面积为 50×10^4 亩），按原汛期6月21日～9月30日，分析不同的兴利调节计算方法对水库各种兴利指标的影响。兴利调节计算成果见表5.52。

表5.52 不同兴利调节计算方法计算成果比较表

汛限水位(m)	方法	兴利用水($\times 10^6$ m^3/a)				弃水量($\times 10^6$ m^3/a)	期末水位(m)	期末库容($\times 10^6$ m^3)	保证率(%)	
		工业计划	工业实际	农业计划	农业实际				工业	计划
102.0	①	118	118	123	117	413.7	101.57	216.3	96.8	83.9
	②	118	118	123	117	413.7	101.57	216.3	96.8	83.9
102.3	①	118	118	123	118	409.6	101.88	233.5	96.8	83.9
	②	118	118	123	118	409.6	101.88	233.5	96.8	83.9
102.6	①	118	118	123	119	405.8	102.19	251.5	96.8	83.9
	②	118	118	123	119	405.8	102.19	251.5	96.8	83.9

注：方法①为逐旬兴利长系列调节计算时历法（常规方法），方法②为“洪水与兴利连调”的变时段长系列调节计算方法。

5.7.2.2 初步结论

由表5.52可知，“兴利长系列调节时历法”和“洪水与兴利连续调节”的变时段长系列调节计算方法，两种计算成果很接近，对各类兴利指标的影响并不显著，“洪水与兴利连续调节”的变时段长系列调节法与水库的实际运行情况更接近，如果在水库的洪水资料比较详尽的情况下，用此种方法进行兴利效益计算较客观。故白龟山水库汛限水位动态控制的兴利效益分析采用此方法。

5.7.2.3 不同动态控制汛限水位方案对兴利效益评价指标的影响分析

采用“洪水与兴利连续调节”计算方法。调节周期为1972～2001年共30年，起调时间为 1972 年汛末 10 月 1 日，调节期末为 2001 年汛初 9 月 30 日。

(1)汛期按原汛期 6 月 21 日～9 月 30 日。

若农业灌溉指标(即灌溉面积 50×10^4 亩，农灌保证率不低于 75%)保持不变。汛限水位按原设计的 102.0 m 抬高为 102.3 m 和 102.6 m 时，工业与民用供水在原计划 $118\times10^6 m^3/a$ 的基础之上逐渐增加，工业与民用供水保证率不低于 96.8%，分析不同汛限水位对水库各供水指标影响的兴利计算成果见表 5.53。

表 5.53　变时段长系列兴利调节结果

(汛期按原设计的 6 月 21 日～9 月 30 日)

汛限水位(m)	供水部分($\times10^6 m^3/a$)					工业供水破坏年数	缺水量($\times10^6 m^3/a$)	弃水量($\times10^6 m^3/a$)			保证率(%)	
	工业计划	工业实际	增加供水量	农业计划	农业实际			弃水年数(a)	年均弃水量	弃水减少量	工业	农业
102.00	118	118	—	123	116	0	6.7	28	413	—	96.8	83.9
102.00	125	125	7	123	117	0	6.8	28	407	6	96.8	83.9
102.30	135	135	17	123	117	0	6.0	27	394	19	96.8	83.9
102.60	138	138	20	123	118	0	4.8	26	387	26	96.8	83.9

由表 5.53 可知：

①工业与民用供水保证率为 96.8%时，若汛限水位为 102.00 m，实际工业与民用供水量可达到 $125\times10^6 m^3/a$，比原计划工业与民用供水量 $118\times10^6 m^3/a$ 增加了 $7\times10^6 m^3/a$。

如果汛限水位提高到 102.3 m(增加库容 $17.60\times10^6 m^3$)，工业与民用供水量可达到 $135\times10^6 m^3/a$，比原计划工业与民用供水量 $118\times10^6 m^3/a$ 增加了 $17\times10^6 m^3/a$；

如果汛期限制水位提高到 102.6 m(增加库容 $35.90\times10^6 m^3$)，工业与民用供水量可达到 $138\times10^6 m^3/a$；比原计划工业与民用供水量 $118\times10^6 m^3/a$ 增加了 $20\times10^6 m^3$。

②采用不考虑汛期分期的方式，白龟山水库的工业与民用供水在原计划 $118\times10^6 m^3/a$ 指标上，白龟山水库通过适当地提高汛限水位所获得的供水效益是很显著的。

③因昭平台水库为多年调节水库，其汛限水位低于正常高水位 7 m(正常高水位 174 m，相应库容 $394\times10^6 m^3$；汛限水位 167 m，相应库容 $179\times10^6 m^3$)，兴利与防洪共用库容为 $215\times10^6 m^3$，具有很大的调洪能力。根据汛期的来水情况，白龟山水库实施汛限水位动态控制，则可以在未增加水库防洪风险前提下，减少弃水，增加供水，提高水库兴利效益。

④白龟山水库农业灌溉原设计保证率只有 75%，灌溉亩数较大，灌溉期用水较大，因此由提高农业灌溉供水量来增加兴利效益的成效不大。

(2)按河南省水利勘测设计院“统计年内洪水统计规律”确定的主汛期 7 月 11 日～8 月 10 日，汛限水位 102.0 m；后汛期 8 月 11 日～9 月 30 日，汛限水位上限 103.0 m。

若保持农业灌溉指标不变(灌溉面积 50×10^4 亩，年均用水量 $117\times10^6 m^3$)，并保证农业灌溉用水保证率不低于 75%，工业与民用供水保证率不低于 96.8%，分析提高分期汛限水位时对水库各供水指标的影响的兴利长系列调节计算成果见表 5.54。

表 5.54　提高分期汛限水位对兴利效益评价指标影响分析

方案	汛限水位(m)		弃水量($\times10^6$ m^3/a)	弃水利用增量($\times10^6$ m^3/a)	工业计划($\times10^6$ m^3/a)	工业实际($\times10^6$ m^3/a)	工业供水增量($\times10^6$ m^3/a)	农业计划($\times10^6$ m^3/a)	农业实际($\times10^6$ m^3/a)	调节期末水位(m)	期末库容($\times10^6$ m^3)
	主汛期	后汛期									
①	②	③	④	⑤	⑥	⑦	⑧	⑨	⑩	⑪	⑫
a	102.0	102.0	413.7	—	118	118	—	123	116	101.57	215.5
b	102.0	102.0	407.3	6	125	125	7	123	116	101.56	215.5
c	102.0	102.3	402.1	11	128	128	10	123	116	101.86	232.4
d	102.0	102.6	397.9	15	131	131	13	123	117	101.92	235.6
e	102.0	103.0	396.3	17	132	132	14	123	117	101.92	235.6
f	102.3	102.3	394.4	17.6	135	135	17	123	117	101.85	231.7
g	102.3	102.6	392.3	21	135	135	17	123	117	102.16	249.6
h	102.3	103.0	389.5	24	137	137	19	123	117	102.20	252.0
i	102.6	102.6	387.9	26	138	138	20	123	118	102.15	249.3
j	102.6	103.0	384.4	29	140	140	22	123	118	102.49	269.5

由表 5.54 可知：

①由防洪预报调度方式确定的主汛期汛限水位可提高至 102.6 m，在效益分析时，以此作为主汛期汛限水位抬高之上限。

当主汛限水位抬高为 102.6 m，后汛期汛限水位为 103.0 m(兴利蓄水位)时，在保证工业与民用供水保证率不低于 96.8%的情况下，可使工业与民用供水量增加至 140×10^6 m^3/a，比原计划工业与民用供水量 118×10^6 m^3/a 增加了 22×10^6 m^3/a。

②分析表中数据可知，后汛期汛限水位的抬高对于洪水资源的利用增量的影响并不是很显著，主要是因为白龟山水库流域的洪水绝大多数集中在主汛期，后汛期既使汛限水位提高，但是洪水资源的利用增量不显著。所以，要想充分利用洪水资源，还得探讨主汛期汛限水位提高的可行方法。

③对比表 5.54 中的第⑤、⑧两列可以看出，工业与民用供水量的增加正是由于汛期减少弃水所致。

④表 5.54 中的第⑤列弃水减小的直接原因是汛限水位的抬高，所以弃水利用的增量值不应大于两个汛限水位之间的库容差值，即表 5.55 中之所列。对比表 5.54 和表 5.55，计算结果符合约束要求。

表 5.55　不同汛限控制水位对应库容

汛限水位(m)	102.0	102.3	102.6	103.0
库容($\times10^6$ m^3)	240.4	258.0	276.3	301.8
库容差($\times10^6$ m^3)	—	17.6	35.9	61.4
弃水利用增量上限值($\times10^6$ m^3)	—	17.6	26	29.0

5.8 白龟山水库汛限水位动态控制的风险分析

汛限水位动态控制的核心内容属实时调度阶段的问题，为防止因满足下游防洪安全而无限要求减少下泄流量导致汛限水位降低和因增加兴利蓄水而无限抬高汛限水位现象发生，第5.5节研究了汛限水位动态控制约束域确定的方法。

因为汛限水位动态控制约束域是调度规划设计的结果，它与原设计的汛限水位一样，同样存在风险。

基于现行的设计理念，不考虑洪水和降雨预报信息，汛限水位是设计标准洪水的起调水位，只要汛限水位动态控制值超过原设计的汛限水位，便认为其风险率大于原设计的防洪标准；若汛限水位动态控制值低于原设计的汛限水位，则其供水保证率将低于原设计值。尽管规范允许考虑洪水预报实施“预蓄预泄”、适当抬高原设计汛限水位，但仍要求下次洪水起涨前库水位必须降至原设计汛限水位，才不增加风险。其核心思想是：时刻预防设计、校核标准或下游防洪标准洪水的来临。

汛限水位动态控制设计研究的基本思想是：利用一切可利用的信息，如洪水预报、降雨预报、面临时刻所处的时期及补偿水库的实际库水位等，将未来某一时期的汛限水位控制在原设计汛限水位上下的一个约束域内。高于原设计汛限水位的目的是充分利用洪水资源，且不降低原设计标准；低于原设计汛限水位的意图是提高水库上、下游原设计的防洪标准，且不降低原设计供水保证率。

实际上，洪水预报和降雨预报有误差，它们各服从于某一分布律，利用这些信息是否增加所实施的汛限水位动态控制方案的风险度，将是推广实施汛限水位动态控制的关键问题。具体应回答如下一些问题：如何计算所依据信息的误差分布？如何计算汛限水位动态控制方案的风险度？其风险度较原设计是增加还是减少？有什么软措施或硬措施来降低风险度？若实无任何措施，则增加的风险度能否承受？……深入研究这些问题，既有理论价值又有经济效益，将有助于汛限水位动态控制设计研究理论的发展与方法的推广应用。

实时调度中，由于预报误差、调度期处于洪水退水阶段等原因，可能引起水库起调水位高于规划设计时所确定的汛限水位。这时决策人员最关心的问题是水库防洪调度实时风险率与规划设计风险率相比有什么变化。风险率的变化可从两个角度来考察：一是水库垮坝风险的变化；二是水库仍防御设计与校核标准洪水时风险率的变化。

5.8.1 水库动态控制汛限水位的风险率

5.8.1.1 风险率计算的定义与基本思想

定义 5.1 选定的汛限水位值 Z_{Li}，水库还能抗御某一设计频率为 P_k 的洪水 W_{P_k}，其调洪最高水位 $Z_m(W_{P_k})$ 正好等于规划批复的允许最高蓄水位 Z_{Aj}，这一频率亦称为所选汛限水位值的极限风险率 P_Z。

从水库动态控制汛限水位控制域角度定义风险率，是指水库在调度运用中，针对某一特定的风险控制指标，即允许最高蓄水位 Z_{Aj}（可为校核洪水位、混凝土坝顶、防浪墙顶或回水淹没允许高程等），在确保下游和大坝安全的前提下，自某一汛期限制水位 Z_{Li} 起调不同频率P_{Wij}洪水，P_{Wk}频率洪水的调洪最高水位$Z_m(W_{P_k})$恰好与特定的风险控制指标Z_{Aj}相等，则频率P_{Wk}为汛限水位Z_{Li}的风险率。这是一种替代方法，用公式表示为：

$$P_Z(Z_{Li}) = P_k\{Z_m(W_{P_k},Z_{Li}) = Z_{Aj}\} \leqslant P_Z(Z_{L0},Z_{m0}) \quad (Z_{低} \leqslant Z_{Li} \leqslant Z_{正}) \tag{5.29}$$

式中：$Z_m(W_{P_k},Z_{Li})$为P_k频率洪水的调洪最高水位；$P_Z(Z_{L0},Z_{m0})$为校核洪水频率；$Z_{低}$为水库汛期最低消落水位；$Z_{正}$为规划设计的正常高水位。

对应$Z_{Li}(i=1,2,\cdots,n)$动态控制汛限水位值，按照式(5.29)可计算出n个风险率$P_Z(Z_{Li})$。根据可承受的风险度，决策者选用某一方案。

应该指出，上述定义基于对气象部门"降雨预报"的不信任，即忽视现代降雨预报水平的提高，仍坚持原设计的理念与假定，认为未来发生各种暴雨洪水的几率服从设计的P－Ⅲ分布，时刻要求确定的汛限水位，在汛期能防御发生上、下游设计防洪标准洪水。在不改变原设计调洪方式及规则的前提下，凡较原设计抬高了汛限水位($Z_{Li}>Z_{L0}$)，则按照定义5.1计算的风险率$P_Z(Z_{Li})$必然大于原设计汛限水位Z_{L0}的风险率$P_Z(Z_{L0})$，即不满足式(5.29)约束。这是一个保守结果，为决策人提供一个偏安全的信息。式(5.27)还给人们一个提示：若设计洪水不改变，改变原设计调洪方式及规则则是一个方向，如现行规范规定可利用洪水预报的预蓄预泄方式，即可实时提高汛限水位，又能满足约束条件。

5.8.1.2 汛限水位动态控制风险率计算方法步骤

(1)基于定义5.1，计算汛限水位动态控制的风险率。

计算步骤如下：

①按照现行设计洪水计算规范要求，通过频率分析法求出不同频率$P_j(j=1,2,\cdots,k)$的设计洪水过程。

②从第Z_{Li}个水位起调，按照常规的调度原则与规则调洪计算出k个最高库水位$Z_{mj}(j=1,2,\cdots,k)$，并点绘$Z_{mj}\sim P_j$经验频率曲线。不同的动态控制水位依同样的步骤可点绘出不同的频率曲线，即相应$i=1,2,\cdots,n$个动态控制汛限水位可绘制出n条经验频率曲线簇($Z_{mj}\sim Z_{Li}\sim P_j$)，即调洪最高水位—汛限水位—频率复相关线，替代概率密度函数簇$f(Z_m(Z_{Li}))$。

③若已知动态控制水位Z_q方案，则可依据曲线簇($Z_{mj}\sim Z_{Li}\sim P_j$)，由原设计的最高水位$Z_{m0}$值作约束，反查出对应$Z_q$方案的频率$P_{Zq}(Z_{mq}=Z_{m0})(q\in k)$，即为极限风险率 。

(2)白龟山水库常规防洪调度方式的汛限水位动态控制的极限风险率。

由表5.56(或图5.16)、表5.57(或图5.17)知，白龟山水库按常规防洪调度方式，洪水组合为白龟山水库以上与昭—白区间同频率，汛限水位为102.0 m的极限风险率约为0.041%；汛限水位为102.6 m的极限风险率为0.055%，即在$Z_{mj}\sim(Z_{Li}=102.6)\sim P_j$的关系线上，查求原设计校核洪水位109.56 m所对应的频率。

白龟山水库按原常规防洪调度方式，洪水组合为白龟山水库以上与昭平台水库同频率，汛限水位为102.0 m的极限风险率约为0.036%；汛限水位为102.6 m的极限风险率约为0.049%。

表 5.56　白龟山水库常规防洪调度方式的调洪成果 1

汛限水位(m)	设计洪水频率 P(白龟山水库以上与昭—白区间同频率)				极限风险率
	0.05%	1%	2%	5%	
102.0	109.46	106.03	105.60	105.18	<0.041%
102.6	109.64	106.34	105.91	105.48	0.055%

表 5.57　白龟山水库常规防洪调度方式的调洪成果 2

汛限水位(m)	设计洪水频率 P(白龟山水库以上与昭平台水库同频率)				极限风险率
	0.05%	1%	2%	5%	
102.0	109.35	105.93	105.88	105.38	约为 0.036%
102.6	109.55	106.14	106.10	105.67	约为 0.049%

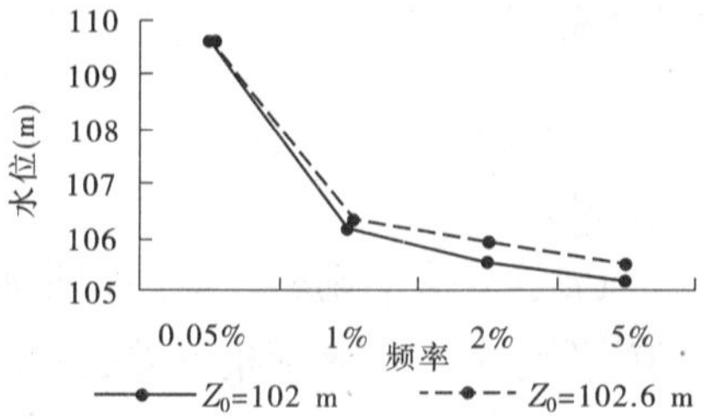

图 5.16　$Z_{mj} \sim Z_{Li} \sim P_j$ 关系图
(白龟山水库以上与昭—白区间同频率)

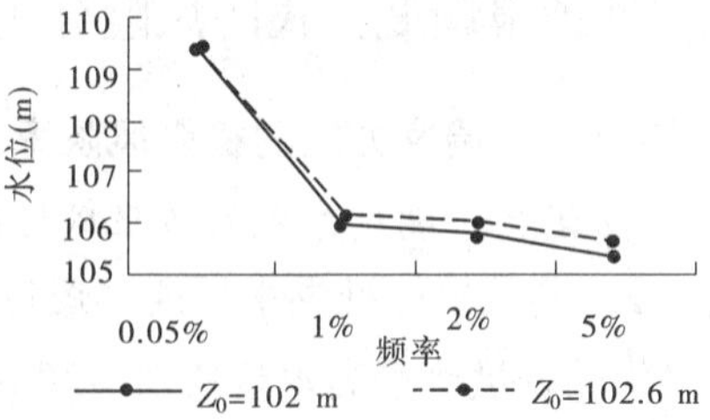

图 5.17　$Z_{mj} \sim Z_{Li} \sim P_j$ 关系图
(白龟山水库以上与昭平台水库同频率)

(3)白龟山水库防洪预报调度方式的汛限水位动态控制的极限风险率。

由表 5.58(或图 5.18)、表 5.59(或图 5.19)知,白龟山水库按防洪预报调度方式,汛限水位为 102.0 m 的极限风险率为 0.02%～0.03%;汛限水位为 102.6 m 的极限风险率为 0.026%～0.031%。

表 5.58　白龟山水库防洪预报调度方式的调洪成果 1

汛限水位(m)	设计洪水频率 P(白龟山水库以上与昭—白区间同频率)				极限风险率
	0.05%	1%	2%	5%	
102.0	108.73	105.80	104.78	105.18	约为 0.02%
102.6	109.02	105.98	105.15	105.18	约为 0.026%

表 5.59　白龟山水库防洪预报调度方式的调洪成果 2

汛限水位(m)	设计洪水频率 P(白龟山水库以上与昭平台水库同频率)				极限风险率
	0.05%	1%	2%	5%	
102.0	108.95	105.08	104.76	105.38	约为 0.03%
102.6	108.99	105.21	104.76	105.38	约为 0.031%

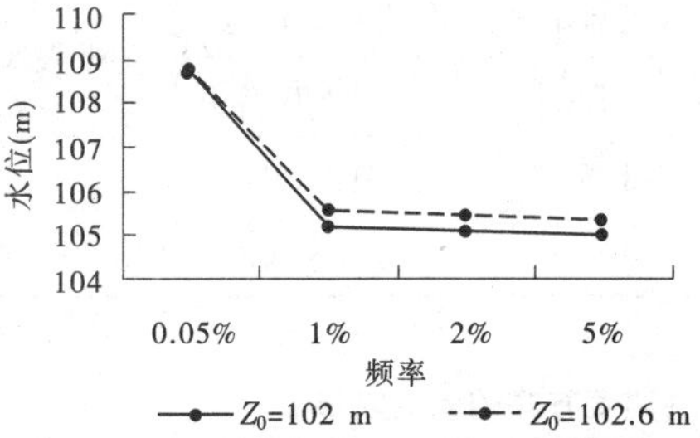

图 5.18　$Z_{mj} \sim Z_{Li} \sim P_j$ 关系图

（白龟山水库以上与昭—白区间同频率）

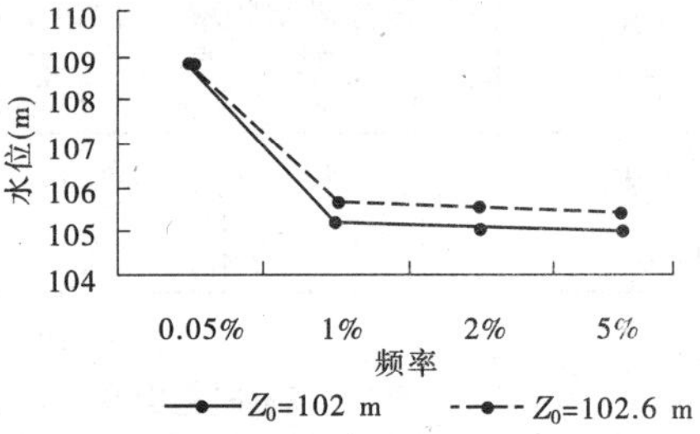

图 5.19　$Z_{mj} \sim Z_{Li} \sim P_j$ 关系图

（白龟山水库以上与昭平台水库同频率）

(4)比较两种水库防洪调度方式的汛限水位动态控制的极限风险率可知，防洪预报调度方式下汛限水位动态控制的极限风险率较常规防洪调度方式下汛限水位动态控制的极限风险率小。

5.8.2　防洪预报调度方式的风险分析

5.8.2.1　防洪预报调度方式的极限风险率

5.8.2.1.1　防洪预报调度方式的极限风险的定义

定义 5.2　若校核标准洪水可能遭遇各种频率径流预报误差，则基于防洪预报调度方式及汛限水位的调洪诸最高水位所对应频率的最大值，称为考虑径流预报误差的大坝安全的极限风险率。

$$\psi_{\max} = \max_{i=1,\cdots,n} \{P_{Zi}[R(R_{m0} + \Delta R_i), Z'_{mi}]\} \tag{5.30}$$

式中：$\psi_{\max}$为防洪预报调度方式大坝安全的极限风险率，%；R_{m0}为原设计的大坝校核标准频率的洪水径流深，如白龟山水库的校核标准频率为 0.05%，即 $R_{m0} = R_{0.05\%}$；ΔR_i 相应第 i 频率的径流深预报误差；$R(\cdot)$修正后的校核标准频率的径流深；Z'_{mi}为用第 i 频率径流深误差对校核标准洪水修正后，用防洪预报调度方式调节修正后的校核标准洪水的调洪最高水位；$P_{Zi}[\cdot]$为 Z'_{mi}所发生的频率；n 为所考虑的各种频率径流预报误差的数量。

5.8.2.1.2　白龟山水库的防洪预报调度方式的大坝安全极限风险率计算步骤

(1)用对应各种频率的径流深预报误差(表 5.60 中②行)修正原设计的 2 000 年一遇(0.05%)洪水径流深，得到考虑不同频率径流深预报误差的 2 000 年一遇径流深(见表 5.60 中③行)及其过程线。

(2)利用预报调度规则，由 102.60 m 起调上述的各种径流深预报误差修正的 2 000 年一遇洪水过程线，求出不同的调洪最高水位(见表 5.60 中④行)，其中各调洪最高水位对应的的极限风险率类同表 5.58 求风险率的方法，即以 109.02(频率 0.05%)～105.98 m(频率 1%)绘制曲线，往左上外延与 109.56 m 原校核水位的交点求出。则白龟山水库考虑径流深预报误差的洪水预报调度方式的大坝安全极限风险率＜0.030%，见表 5.60 中⑥行数据。

表 5.60　白龟山水库防洪预报调度方式下极限与期望风险计算

（白龟山水库以上与昭—白区间同频率，102.60 m 起调）

净雨预报绝对误差累计频率 $P_P(X>\Delta R)(\%)$	①	0.01	0.05	1	20	2 000
净雨相对误差 $\Delta R_{P\%}$(mm)	②	41.9	37.2	26.6	10.2	预报准确
修正的 2 000 年一遇径流深 $R_{0.05\%}+\Delta R_{P\%}$(mm)	③	857.9	853.2	842.6	826.2	816
调洪最高水位 Z_{mi}(m)	④	109.10	109.08	(109.05)	(109.03)	109.02
最大泄量(m^3/s)	⑤	7 175	7 168	7 141	7 106	7 100
风险率 ψ(%)	⑥	0.030	0.029	0.027	0.026	0.026

注：净雨预报绝对误差及相应频率见表 5.31；带括号的值是线性内插。白龟山水库以上与昭平台水库同频率组合状态计算略。

由表 5.60 可知，白龟山水库按防洪预报调度方式，汛限水位为 102.6 m 时，调节 2 000 年一遇洪水加上不同频率洪水径流深预报误差，白龟山水库调洪最高库水位小于原设计的校核洪水位 109.56 m。根据定义 5.2，白龟山水库在防洪预报调度下，汛限水位 102.6 m 时，大坝安全的极限风险率小于 0.030%（白龟山水库校核洪水频率为 0.05%），即小于原设计的汛限水位 102.0 m 的常规防洪调度方式的大坝安全的极限风险率 0.05%。

5.8.2.1.3　防洪洪水预报调度方式的下游防洪风险分析

白龟山水库下游防洪任务分为两级：遭遇小于等于 20 年一遇入库洪水时，白龟山水库控泄 600 m^3/s；遭遇大于 20 年一遇且小于等于 50 年一遇入库洪水时，白龟山水库控泄 3 000 m^3/s。

在实时洪水预报调度时，由于空报误差可能导致水库提前加大泄流，危及下游防洪安全。在防洪预报调度方式设计时采用了逐级调节泄流法。如表 5.61 所示为频率洪水的实际累积净雨量、防洪预报调度规则确定的判断指标及两者对比值。

表 5.61　防洪预报调度规划的累积净雨判断泄流指标　　（单位：mm）

重现期		20 年一遇			50 年一遇		
指标类别		规则	设计	差值（绝对/相对(%)）	规则	设计	差值（绝对/相对(%)）
规则确定的累积净雨指标（全区）		340	—	—	420	—	—
全区设计 昭—白区间设计	昭平台水库以上	—	292	—	—	358	—
	昭—白区间	—	261	—	—	343	—
	全区	340	278	62/22.3	420	351	69/19.7
全区设计 昭平台水库设计	昭平台水库以上	—	361	—	—	462	—
	昭—白区间	—	186	—	—	229	—
	全区	340	277	62/22.3	420	351	69/19.7

防洪预报调度规则选取白龟山以上全区累积净雨量 340 mm 作为判断白龟山水库遭遇 20 年一遇设计洪水的泄流指标，其与 20 年一遇设计洪水的全区 7 d 累积净雨总量 278 mm 相比，具有 62 mm 的余富，其相对误差为 22.3%；选取白龟山以上全区累积净雨量 420 mm 作为判断白龟山水库遭遇 50 年一遇设计洪水的泄流指标，其与 50 年一遇设计洪水的全区 7 d 累积净雨总量 351 mm 相比，具有 69 mm 的余富，其相对误差为 20%。研究表明，净雨预报相对误差将随着流域下垫面的蓄满，或产流系数的加大而减小。当白龟山水库以上全区累积净雨总量达 420 mm 时，流域早已蓄满。

5.8.2.2 防洪预报调度方式的期望风险率确定方法

表 5.60 中第⑥行的各个风险频率为校核标准洪水遭遇某一频率径流深预报误差的风险频率。实际上校核标准洪水可能与各种频率径流深预报误差遭遇，故定义 5.3。

定义 5.3 若校核标准洪水可能遭遇各种不同频率径流深预报误差，则基于防洪预报调度方式的汛限水位调洪的各最高水位所对应频率的期望值，称为期望风险率。即

$$P_{RZ\text{期望}} = \sum_{i=1}^{n} \Delta P_{Ri} \cdot \psi(\Delta P_{Ri}) \quad \left(\sum_{i=1}^{n} \Delta P_{Ri} = 1\right) \tag{5.31}$$

式中：ΔP_{Ri} 为径流深绝对误差发生频率间距，即 $\Delta P_{Ri} = P(\Delta R > \Delta R_i) - P(\Delta R > \Delta R_{i-1})$，如 $\Delta P_{R1} = 0.01\%$，$\Delta P_{R2} = (0.05 - 0.01)\%$，$\Delta P_{R3} = (1 - 0.05)\%$，…，$\Delta P_{Rn} = (100 - 20)\%$；$\psi(\Delta P_{Ri})$ 为对应径流深绝对误差发生频率间距 ΔP_{Ri} 上的平均风险频率。

将表 5.60 的①、⑥行数据代入式(5.31)，有 $P_{RZ\text{期望}} = 0.026\ 2\%$，即预报调度方式汛限水位控制 102.6 m 的期望风险率为 $P_{RZ\text{期望}}(Z_L = 102.6) = 0.026\ 2\% < 0.05\%$（原设计的校核标准）。

5.8.3 降雨预报应用于汛限水位动态控制的风险分析

为了充分利用洪水资源，白龟山水库实时调度中利用了短期洪水预报进行预蓄调度，由于洪水预报预见期短而开始利用降雨预报成果进行调度。尽管气象台未来 24 h 无雨（或小雨）预报的水平较高，但漏报率为 11.5% 左右。因受降雨预报信息误差影响，决策者利用降雨预报信息选定未来某一时刻的汛限水位方案，必然具有一定风险。本部分重点研究考虑降雨预报的风险率计算方法。

实际上，降雨预报水平在不断提高。经研究表明，尽管气象部门的降雨定量预报有误差，可是分级预报信息已达到可利用程度，由表 5.20“白龟山水库流域未来 24 h 各级降雨预报精度”可知，其中“无雨预报”和“小雨预报”信息可信度较高，建议先用于汛限水位动态控制研究中。灾害性的天气及台风预报水平有很大提高，有一定信度亦可参考利用。

5.8.3.1 考虑降雨预报的动态控制汛限水位的极限风险率

综合分析目前降雨预报水平，再给出以下定义，即

定义 5.4 考虑“无雨预报”（或“小雨预报”）选定汛限水位控制值 Z_{Ld} 的极限风险率 $P_{Z\text{无雨级}}$（或 $P_{Z\text{小雨级}}$）等于“无雨预报”（或“小雨预报”）漏报条件下发生校核标准洪水（或上、下游防洪标准洪水）的频率。即

$$P_{Z\text{无雨级}}(Z_{Ld}, Z_{m0}) = P_P(X > 0.0) \times P_Z(Z_{Ld}, Z_{m0})$$

$$(0 \leqslant P_{Z\text{无雨级}}(Z_{Ld},\ Z_{m0}) \leqslant P_Z(Z_{L0},\ Z_{m0});0 \leqslant P_P(X > 0.0) \leqslant 1) \tag{5.32}$$

或

$$P_{Z小雨级}(Z_{Ld}, Z_{m0}) = P_P(X > 8.0) \times P_Z(Z_{Ld}, Z_{m0})$$

$$(0 \leqslant P_{Z小雨级}(Z_{Ld}, Z_{m0}) \leqslant P_Z(Z_{L0}, Z_{m0}); 0 \leqslant P_P(X > 8.0) \leqslant 1) \qquad (5.32')$$

式中：$P_Z(Z_{L0}, Z_{m0})$为原设计汛限水位 Z_{L0} 所能防御的洪水频率（替代风险率）；$P_Z(Z_{Ld}, Z_{m0})$为选定动态控制汛限水位 Z_{Ld} 值，依据现行设计理论计算的风险率，即根据定义 5.1 计算的值 $P_Z(Z_{Li}) = P_{Wk}\{Z_m(W_{P_k}, Z_{Li}) = Z_{Aj}\} = P_Z(Z_{Ld}, Z_{m0})$；$P_P(X>0)$为"无雨预报"水平指标，即无雨预报漏报的累计频率。根据"无雨预报"的实际可能发生的降雨值 $x_i \sim P\%$ 频率分布曲线推求；Z_{m0}为原设计标准调洪最高水位（或校核标准洪水位、防洪高水位、淹没允许高水位）；$P_P(X>8.0)$为"小雨预报"水平指标，即小雨预报漏报的累计频率。根据"小雨预报"的实际可能发生的降雨值 $x_i \sim P\%$ 频率分布曲线推求。"小雨预报"漏报条件 X 没取 10 mm，为保证安全取 8 mm。

基于新理念，定义 5.4 假定"无雨预报"（或"小雨预报"）漏报与发生设计标准洪水是两个独立随机事件。此假定基于两点：一是降雨预报基于成因分析，误差是随机的，其分布受人为因素影响，随着预报理论的提高和先进工具及手段的应用，误差越来越小；二是设计洪水是依据历史样本统计规律，不受人为因素制约的随机事件。面临时刻并非任何条件下都可能发生设计标准洪水，只有在"无雨预报"（或"小雨预报"）漏报的条件下才有可能发生设计标准洪水，这相当于考虑非均匀空间的事例，见表 5.62。"设计洪水 W"是一个不对称事件，即出现 $W_{7\,d} \geqslant 2\,128.08 \times 10^6\ m^3$ 洪水的累计频率为 0.05%，出现 $W_{7\,d} \geqslant 1\,118.1 \times 10^6\ m^3$ 洪水的累计频率为 1%，出现 $W_{7\,d} \geqslant 962.3 \times 10^6\ m^3$ 洪水的累计频率为 2%，"无雨预报"（或"小雨预报"）漏报也是一个不对称事件，预报无雨，出现漏报 $X \geqslant 44.6$ mm 的累计频率为 0.05%，出现漏报 $X \geqslant 1$ mm 的频率为 20%，出现漏报 $X < 1$ mm 的频率为 80%。若要求"无雨预报"（或"小雨预报"）发生漏报，出现入库洪量 $W_{7\,d} \geqslant 2\,128.08 \times 10^6\ m^3$ 的频率，则可按照式(5.32)计算，即

$$P_{Z无雨级} = P_P(X \geqslant 0) \times P_W(W \geqslant 2\,128.08 \times 10^6\ m^3) = 11.4\% \times 0.05 = 0.57\%$$

这明显不同于现行洪水设计的理念。

表 5.62 非均匀空间事例

设计频率(%)	0.05	1	2	5
7 d 洪量 $W_{7\,d}$($\times 10^6\ m^3$)	2 128.08	1 118.1	962.3	760.7
预报无雨(mm)	44.6	17.7	12.4	6.4
预报小雨(mm)	120.2	48.4	34.4	18.3

由式(5.32)可以看出：

(1)"无雨预报"（或"小雨预报"）水平相当高，漏报频率 $P_P(X>0) \to 0$，则选定汛限水位值的风险率 $P_{Z无雨级}(Z_{Ld}, Z_{m0}) \to 0$。

(2)若"无雨预报"（或"小雨预报"）水平相当糟糕，漏报频率 $P_P(X>0) \to 1$（或 $P_P(X>8.0) \to 1$）且漏报降雨频率分布相同于水库原设计洪水相应暴雨的频率分布参数，则汛限水位值应选择 $Z_{Ld} = Z_{L0}$，使风险率 $P_{Z无雨级}(Z_{Ld}, Z_{m0}) \to P(Z_{L0}, Z_{m0})$（或风险率 $P_{Z无雨级}(Z_{Ld},$

$Z_{m0}) \to P(Z_{L0}, Z_{m0})$)，又回归于现行设计理念。

(3)就目前降雨预报依据的手段、理论而言，通过降雨预报水平分析说明第(2)种状况，在“无雨预报”(或“小雨预报”)条件下，基本属于不可能事件，故 $P_{Z无雨级}$ 的最可能发生域是 $0 < P_{Z无雨级}(Z_{Ld}, Z_{m0}) < P_Z(Z_{L0}, Z_{m0})$，或 $P_{Z小雨级}$ 最可能发生域是 $0 < P_{Z小雨级}(Z_{Ld}, Z_{m0}) < P_Z(Z_{L0}, Z_{m0})$。

5.8.3.2　**考虑降雨预报的动态控制汛限水位的可能最大风险率**

(1)综合分析目前降雨预报水平，给出如下定义：

定义 5.5　考虑“无雨预报”(或“小雨预报”)选定动态控制汛限水位值，若发生漏报，可能遭遇各种频率的漏报降雨量 $X(P_i)$，则由 Z_{Ld} 起调求不同漏报降雨量所形成洪水的最高洪水位值 $Z_m[Z_{Ld}, X(P_i)]$，相应的超过原设计调洪最高水位(或回水退赔高程) Z_{m0} 的最大频率，称为考虑“无雨预报”动态控制汛限水位值的可能最大风险率，即

$$P_{Z无雨可能}(Z_{Ld}, Z_{m0}) = \max_{i=1,\cdots,n} P_{Zi}\{Z_m[Z_{Ld}, X(P_i)] \geqslant Z_{m0}\} \leqslant P_Z(Z_{L0}, Z_{m0}) \quad (5.33)$$

$$P_{Z小雨可能}(Z_{Ld}, Z_{m0}) = \max_{i=1,\cdots,n} P_{Zi}\{Z_m[Z_{Ld}, X(P_i)] \geqslant Z_{m0}\} \leqslant P_Z(Z_{L0}, Z_{m0}) \quad (5.33')$$

式中：$P_{Z无雨可能}(Z_{Ld}, Z_{m0})$ 为考虑“无雨预报”动态控制汛限水位值 Z_{Ld} 可能最大风险率；$P_{Z小雨可能}(Z_{Ld}, Z_{m0})$ 为考虑“小雨预报”动态控制汛限水位值 Z_{Ld} 可能最大风险率；$P_{Zi}\{Z_m[Z_{Ld}, X(P_i)] \geqslant Z_{m0}\}$ 为“无雨预报”(或“小雨预报”)发生漏报频率 P_i，其降雨 $X(P_i)$ 所形成洪水的调洪最高水位 $Z_m[Z_{Ld}, X(P_i)]$ 大于或等于 Z_{m0} 的频率；$P_Z(Z_{L0}, Z_{m0})$ 为水库原设计风险率(以校核标准或防洪标准替代)。

新理念给出的定义 5.5 基于成因分析，即相信气象部门“无雨预报”(或“小雨预报”)信息。未来发生的暴雨服从“无雨预报”(或“小雨预报”)的漏报降雨频率分布。原设计的校核标准洪水暴雨是小概率事件，偶于漏报概率中，随着“无雨预报”(或“小雨预报”)水平的提高，它趋于“不可能事件”，这与现行洪水设计理念，要求全汛期实时调度中时刻“预防设计标准洪水发生”是完全不同的。

由式(5.33)可以看出：

①若“无雨预报”(或“小雨预报”)水平相当高，漏报值 $X(P_i) \to 0$(或漏报值 $X(P_i) \to 0.8$)，$Z_m[Z_{Ld}, X(P_i)] \to Z_{Ld}$，则 $P_{Z无雨可能}(Z_{Ld}, Z_{m0}) \to 0$[或 $P_{Z小雨可能}(Z_{Ld}, Z_{m0}) \to 0$]；

②若“无雨预报”(或“小雨预报”)水平相当低，漏报后实际降雨频率等同于原设计洪水的暴雨频率分布参数，则应限定 $Z_{Ld} = Z_{L0}$，满足 $P_{Z无雨可能}(Z_{Ld}, Z_{m0}) = P_Z(Z_{L0}, Z_{m0})$(或满足 $P_{Z小雨可能}(Z_{Ld}, Z_{m0}) = P_Z(Z_{L0}, Z_{m0})$)。回归于现行设计理念。

③就目前降雨预报依据的手段、理论而言，通过降雨预报水平分析说明第②种状况在“无雨预报”(或“小雨预报”)条件下，基本属于不可能事件，$P_{Z无雨可能}(Z_{Ld}, Z_{m0})$ 可能最大风险率论域是 $0 < P_{Z无雨可能}(Z_{Ld}, Z_{m0}) \leqslant P_Z(Z_{L0}, Z_{m0})$[或 $P_{Z小雨可能}(Z_{Ld}, Z_{m0})$ 可能最大风险率论域是 $0 < P_{Z小雨可能}(Z_{Ld}, Z_{m0}) \leqslant P_Z(Z_{L0}, Z_{m0})$]。

(2)汛限水位抬高方案 Z_{Ld} 的可能最大风险率 $P_{Z无雨可能}(Z_{Ld}, Z_{m0})$(或 $P_{Z小雨可能}(Z_{Ld}, Z_{m0})$)计算方法步骤。

基于定义 5.5，依据漏报的实际降雨频率分布，为保证安全，假定流域下垫面处于饱和状态，漏报的实际降雨频率分布等于漏报的实际入库径流深频率分布；且无雨(或小雨)预

报的漏报降雨亦多属局地强对流阵雨，按集中于一个时段处理。首先将其漏报信息 $X(P_i)$ 输入到洪水预报、调度系统中，按照原设计调洪规则，由给定的汛限水位动态控制值 Z_{Ld} 调节预报的洪水过程，求出相应的最高水位 $Z_m[Z_{Ld}, X(P_i)]$；然后在原设计的汛限水位(Z_{L0})—调最高水位—频率($Z_{mj} \sim Z_{L0} \sim P_j$)上，对应最高水位 $Z_m[Z_{Ld}, X(P_i)]$查出相应频率$P_{Zi}\{Z_m[Z_{Ld}, \times(P_i)]\}(i=1,\cdots,n)$；最后，按照定义 5.5，用式(5.33)求出利用“小雨预报”信息，动态控制汛限水位 Z_{Ld}值的可能最大风险率 $P_{Z无雨可能}(Z_{Ld}, Z_{m0})$(或 $P_{Z小雨可能}(Z_{Ld}, Z_{m0})$)。

(3)可能最大风险率计算结果。

白龟山水库在选择不同起调水位 102.0、102.6 m 和 103.0 m 情况下，分别对 24 h 无雨预报实际降雨量所产生的洪水进行调节。其中，上游昭平台水库考虑不放水和电站发电放水两种情况。各方案所求得的调洪最高水位分别列入表 5.63～表 5.65。

同样，对 24 h 小雨预报实际降雨量所产生的洪水进行调节。其中，上游昭平台水库考虑不放水和电站发电放水两种情况。各方案所求得的调洪最高水位分别列入表 5.66～表 5.68。

表 5.63　昭—白区间 24 h 无雨调洪最高水位

(昭—白区间退水流量为 100 m^3/s，昭平台水库发电放水为 36 m^3/s)

起调水位(m)	24 h 无雨预报实际降雨量(mm)及频率分布(%)相应于不同起调水位的调洪最高水位					
	59.6	44.6	37.6	31.4	23.3	17.7
	0.01	0.05	0.1	0.2	0.5	1
102.0	102.63	102.43	—	—	—	—
102.6	103.19	103.00	—	—	—	—
103.0	103.56	103.38	—	—	—	—
$P(Z>105.38\text{ m})$	0	0	—	—	—	—

表 5.64　昭—白区间 24 h 无雨调洪最高水位

(昭—白区间退水流量为 200 m^3/s，昭平台水库发电放水为 36 m^3/s)

起调水位(m)	24 h 无雨预报实际降雨量(mm)及频率分布(%)相应于不同起调水位的调洪最高水位					
	59.6	44.6	37.6	31.4	23.3	17.7
	0.01	0.05	0.1	0.2	0.5	1
102.0	102.66	102.44	—	—	—	—
102.6	103.21	102.99	—	—	—	—
103.0	103.59	103.39	—	—	—	—
$P(Z>105.38\text{ m})$	0	0	—	—	—	—

表 5.65 昭—白区间 24 h 无雨预报误差风险分析

（昭—白区间退水流量为 300 m^3/s，昭平台水库发电放水为 36 m^3/s）

起调水位(m)	24 h 无雨预报实际降雨量(mm)及频率分布(%) 相应于不同起调水位的调洪最高水位					
	59.6	44.6	37.6	31.4	23.3	17.7
	0.01	0.05	0.1	0.2	0.5	1
102.0	102.65	102.43	—	—	—	—
102.6	103.21	103.0	—	—	—	—
103.0	103.59	103.39	—	—	—	—
$P(Z>105.38\ m)$	0	0	—	—	—	—

表 5.66 昭—白区间 24 h 小雨预报误差风险分析

（昭—白区间退水流量为 100 m^3/s，昭平台水库发电放水为 36 m^3/s）

起调水位(m)	24 h 小雨预报实际降雨量(mm)及频率分布(%) 相应于不同起调水位的调洪最高水位					
	160.1	120.2	101.7	84.9	63.7	48.5
	0.01	0.05	0.1	0.2	0.5	1
102.0	104.11	103.55	—	—	—	—
102.6	104.58	104.05	—	—	—	—
103.0	104.90	104.39	—	—	—	—
$P(Z>105.38\ m)$	0	0	—	—	—	—

表 5.67 昭—白区间 24 h 小雨预报误差风险分析

（昭—白区间退水流量为 200 m^3/s，昭平台水库发电放水为 36 m^3/s）

起调水位(m)	24 h 小雨预报实际降雨量(mm)及频率分布(%) 相应于不同起调水位的调洪最高水位					
	160.1	120.2	101.7	84.9	63.7	48.5
	0.01	0.05	0.1	0.2	0.5	1
102.0	104.12	103.56	—	—	—	—
102.6	104.59	104.06	—	—	—	—
103.0	104.90	104.39	—	—	—	—
$P(Z>105.38\ m)$	0	0	—	—	—	—

表 5.68 昭—白区间 24 h 小雨预报误差风险分析

(昭—白区间退水流量为 300 m^3/s,昭平台水库发电放水为 36 m^3/s)

起调水位(m)	24 h 小雨预报实际降雨量(mm)及频率分布(%)相应于不同起调水位的调洪最高水位					
	160.1	120.2	101.7	84.9	63.7	48.5
	0.01	0.05	0.1	0.2	0.5	1
102.0	104.11	103.55	—	—	—	—
102.6	104.57	104.05	—	—	—	—
103.0	104.90	104.39	—	—	—	—
$P(Z>105.38$ m)	0	0	—	—	—	—

(4)可能最大风险率计算结果分析。

①可能最大风险率计算,需对应某一频率的降雨量,通过降雨径流预报与调洪计算求得一最高库水位,判断其超过校核或防洪高水位的频率 $P_{Zi}\{Z_m \geqslant Z_{m0}\}$,因为它是漏报降雨发生频率 $P_P(X>x_i)$条件下的结果,所以超过校核或防洪高水位的风险率即是漏报降雨发生频率 $P_P(X>x_i)$。

②由表 5.63~表 5.65 可知,白龟山水库在洪水退水段,库水位处于汛限水位动态控制范围内(102.0~103.0 m),上游昭平台水库放水不超过 36 m^3/s,昭—白区间退水流量不超过 300 m^3/s 时,按原常规调洪原则,调节频率为 0.01%的无雨预报误差(59.6 mm)所形成的洪水,其调洪最高水位为 103.59 m,低于 105.38 m(20 年一遇防洪高水位),可控泄 600 m^3/s。

③由表 5.66~表 5.68 可知,白龟山水库在洪水退水段,库水位处于汛限水位动态控制范围内(102.0~103.0 m),上游昭平台水库放水不超过 36 m^3/s,昭—白区间退水流量不超过 300 m^3/s 时,按原常规调洪原则,调节频率为 0.01%的小雨预报误差(160.1 mm)所形成的洪水,其调洪最高水位为 104.90 m,也低于 105.38 m(20 年一遇防洪高水位),可控泄 600 m^3/s。

在洪水退水段,若气象台发布未来 24 h 小雨预报信息,白龟山水库库水位可保持在汛限水位动态控制范围内,不需继续下降,对大坝与下游防护对象不增加原设计标准的防洪风险。即考虑“小雨预报”动态控制汛限水位的可能最大风险率为 0。

④可能最大风险率的计算结果受调洪方式与规则约束,由于“无雨预报”或“小雨预报”的实际降雨都在特大暴雨以下范围,因此在原调度规则下,统一补充一些安全、合理及可操作的最低一级防洪标准以下洪水调度规则是必要的。

5.8.3.3 考虑降雨预报的动态控制汛限水位的期望风险

(1)期望风险率计算之一。首先选定风险的控制指标 Z_A,对水库本身安全而言,它是水库校核洪水位;对上、下游防洪安全来说,它指淹没高程或防洪高水位。然后对此指标,计算汛限水位动态控制方案 Z_{Li} 的超过指标 Z_A 的风险率。

期望风险率选用决策目标极小化公式计算,即

$$F_Z(X>x, Z_m \geqslant Z_A) = \int_{Z_A}^{Z_{\max}} P_P(X>x) \cdot f(Z_m(Z_L))\mathrm{d}Z_m \qquad (5.34)$$

式中：Z_m 为对应动态控制的汛限水位 Z_{Li} 的调洪最高水位；Z_A 为校核洪水位（或淹没高程）；Z_{max} 为极限容许的高程（如坝顶或防浪墙顶、极限淹没高程）；$P_P(X>x)\cdot f(Z_m(Z_L))$ 为基于"无雨预报"漏报频率 $P_P(X>x)$ 条件下，动态控制汛限水位 Z_L 的调洪最高水位 Z_m 的概率分布函数。

$$Z_{正} > Z_L > Z_{L0} - \Delta Z_2$$

式中：ΔZ_2 为根据水库洪水退水余量可回充的水位，即预泄水位与设计批准的水库汛限水位之差；其他符号同式(5.32)。

不难看出，因式(5.32)的 $P(X>x)$ 取常量，所以核心问题仍是确定概率分布函数簇 $f(Z_m(Z_L))$。若已知概率分布函数簇，则 $P_P(X>x)\cdot f(Z_m(Z_L))$ 可求，进而由式(5.34) 求出风险率 $F_Z(X>x, Z_m \geqslant Z_A)$。

为此也采用近似的频率分布曲线簇推求方法。

可采用离散化期望公式描述：

$$P_{Z无雨期望}(Z_{Ld}, Z_{m0}) = \sum_{i=1}^{n} \Delta P_i \cdot P_{Z无雨级i}\{Z_{Ld}, Z_{m0}\} \tag{5.35}$$

或

$$P_{Z小雨期望}(Z_{Ld}, Z_{m0}) = \sum_{i=1}^{n} \Delta P_i \cdot P_{Z小雨级i}\{Z_{Ld}, Z_{m0}\} \tag{5.35′}$$

$$\sum_{i=1}^{n} \Delta P_i = 1$$

式中：ΔP_i 为"无雨预报"（或"小雨预报"）的实际降雨发生频率间距，即 $\Delta P_i = P_P(X>x_i) - P_P(X>x_{i-1})(i=1,\cdots,n)$，如 $\Delta P_1 = P_P(X>x_1) - P_P(X>x_0) = 0.01\%$，$\Delta P_2 = (0.05 - 0.01)\%$，$\Delta P_3 = (0.1 - 0.05)\%$，…，$\Delta P_n = (100 - 10)\%$；$n$ 为离散区间的数目；$P_{Z无雨级i}\{Z_{Ld}, Z_{m0}\}$（或 $P_{Z小雨级i}\{Z_{Ld}, Z_{m0}\}$）为对应"无雨预报"（或"小雨预报"）的实际降雨发生频率间距 ΔP_i 的平均极限风险频率。

(2)期望风险率计算之二。基于定义5.5，考虑"无雨预报"（或"小雨预报"）选定动态控制汛限水位值，若发生漏报，可能遭遇各种频率的漏报降雨量 $X(P_i)$，则由 Z_{Ld} 起调求不同漏报降雨量所形成洪水的最高洪水位值 $Z_m[Z_{Ld}, X(P_i)]$，相应的超过原设计调洪最高水位（或回水退赔高程）Z_{m0} 频率 $P_{Zi}\{Z_m[Z_{Ld}, X(P_i)] \geqslant Z_{m0}\}$ 的期望值 $P_{Z无雨期望}(Z_{Ld}, Z_{m0})$，称为考虑"无雨预报"（或"小雨预报"）动态控制汛限水位值的期望风险率。可采用离散化期望公式描述：

$$P_{Z无雨期望}(Z_{Ld}, Z_{m0}) = \sum_{i=1}^{n} \Delta P_i \cdot P_{Z无雨级i}\{Z_{Ld}, Z_{m0}\} \tag{5.36}$$

或

$$P_{Z小雨期望}(Z_{Ld}, Z_{m0}) = \sum_{i=1}^{n} \Delta P_i \cdot P_{Z小雨级i}\{Z_{Ld}, Z_{m0}\} \tag{5.36′}$$

$$\sum_{i=1}^{n} \Delta P_i = 1$$

式中：ΔP_i 为"无雨预报"（或"小雨预报"）的实际降雨发生频率的间距，即 $\Delta P_i = P(X>x_i) -$

$P(X>x_{i-1})$,如 $\Delta P_1=0.01\%$,$\Delta P_2=(0.05-0.01)\%$,$\Delta P_3=(0.1-0.05)\%$,…,$\Delta P_n=(100-10)\%$。$P_{Z无雨可能i}\{Z_{Ld},Z_{m0}\}$(或 $P_{Z小雨可能i}\{Z_{Ld},Z_{m0}\}$)为对应"无雨预报"(或"小雨预报")的实际降雨发生频率间距 ΔP_i 上的平均最可能风险频率。

5.8.3.4 降雨预报水平较高的汛限水位动态控制风险率计算方法步骤

首先统计分析本流域相关气象台站不同量级降雨预报精度,认定降雨预报信息可利用。具体步骤是:

(1)认定目前可利用的是气象部门未来 24 h"无雨(或小雨)预报"信息;统计检验未来 24 h"无雨(或小雨)预报"漏报后的实际降雨概率分布类型,推求其统计参数;给出频率分析成果,即 $x_i\sim P\%$关系图或数值表(同表 5.22),作为计算风险率的基础。

(2)借用调洪最高水位—汛限水位—频率复相关线(即 $Z_{mj}\sim Z_{Li}\sim P_j$)曲线簇。

(3)若已知面临时刻实时信息:气象部门发布"未来 24 h 天气晴或阴或多云""无雨(或小雨)预报"信息;洪水进入退水期,入流量小于下游允许泄流量,弃水流量仍大于入流,且闸门已具有控制能力;库水位由最高水位继续下降;选定面临时刻汛限水位抬高的方案值为 Z_{Ld}。

(4)根据式(5.32)、式(5.33)计算未来 24 h 内汛限水位抬高方案 Z_{Ld}的极限风险率 $P_{f无雨级}(Z_{Ld},Z_{m0})$和可能最大风险率 $P_{Z无雨可能}(Z_{Ld},Z_{m0})$。若 $P_{Z无雨级}(Z_{Ld},Z_{m0})>P_Z(Z_{L0},Z_{m0})$或 $P_{Z无雨可能}(Z_{Ld},Z_{m0})>P_Z(Z_{L0},Z_{m0})$,则需限定 $Z_{Ld}=Z_{L0}$。

(5)间隔 24 h,按照上述步骤决策面临时刻汛限水位抬高值 Z_{Ld}的新方案。

5.9 初步结论

5.9.1 洪水预报与降雨预报信息的可利用性分析

(1)白龟山水库洪水预报模型模拟洪水预报成果,净雨(洪量)预报的合格率 QR 为 89%(≥85.0%),确定性系数 DC 为 0.96(>0.95),净雨(洪量)预报项目的精度等级属于甲等,可用于发布正式预报。预报误差对"汛限水位动态控制"影响较少,是可用的。

(2)各级气象部门灾害性天气预报服务产品是可利用的,尤其是水库特大暴雨成因系统、台风路径无漏报。平顶山地区气象台 5 个预报量级对应的实际值经验频率分布属于偏态型。

"无雨预报",实际无雨的概率近 88.6%,发生小雨及以上量级降雨的频率约为 11.4%,发生中雨及以上量级降雨的频率约为 2.7%,发生大雨及以上量级降雨的频率约为 0.2%。以上分析可得出"无雨预报",实际发生中雨及以上量级降雨的可能性很小的信息,此时可控制水库汛限水位在动态控制范围的上限。

"小雨预报",实际发生小雨及以下量级降雨的频率约为 88.2%,发生中雨及以上量级降雨的频率约为 11.8%,发生大雨及以上量级降雨的频率约为 1.8%,发生暴雨及以上量级降雨的频率约为 0.9%。从而可得到发生大雨及以上量级降雨的可能性很小的信息,这时可控制水库汛限水位在动态控制范围的中偏上位置。

平顶山地区气象台未来 24 h 无雨和小雨预报信息是可以利用的。

5.9.2 洪水总量预报与退水期是汛限水位动态控制的条件及关键时期

(1)当“面临时刻水位的库容”与“未来预报的入库总水量扣除正常消耗量的余量”之和“超过汛限水位动态控制范围的下限水位”,且水库闸门具有控制能力。便具备汛限水位动态控制的条件。对洪量起控制作用的水库,研究提高洪水产流预报方案和退水量预报精度最为重要。

(2)从防洪安全与兴利蓄水两方面考虑,提及“汛限水位动态控制”的关键时间是在洪水的退水时期。

5.9.3 考虑预报的调度方式是安全可行的

采用预报净雨及实际入库流量作为判据的预报调度方式,当汛限水位抬至 102.6 m,5%频率洪水下游组合流量小于下游安全泄量 600 m^3/s;2%频率洪水下游组合流量小于下游安全泄量 3 000 m^3/s;0.05%校核标准洪水的最高水位低于 109.56 m。说明上、下游防洪及水库大坝都是安全的。

5.9.4 汛限水位动态控制的兴利效益很大而防洪风险不会增加

(1)主汛期极限允许起调水位的下限为 102.00 m,上限为 102.60 m。风险率没有增加,仍可保持除险加固后的水库及上、下游防洪安全。

(2)通过效益分析说明,效益增量最敏感的因素不是“后汛期汛限水位”,而是“主汛期汛限水位”,主汛期控制在 102.0 m 或 102.6 m,其兴利效益相差较大。

(3)从防洪安全第一角度,若汛期不分期,如果汛期限制水位由 102.0 m 提高到 102.6 m(增加库容 35.9×10^6 m^3),工业民用供水保证率为 96.8%时,可减少弃水 26×10^6 m^3/a,较原计划 118×10^6 m^3/a 增加 20×10^6 m^3/a(差值部分可用于增加农业灌溉用水),工业民用供水量可达到 138×10^6 m^3/a。

若汛期分两期,当主汛限水位抬高至 102.6 m,后汛限水位至 103.0 m(兴利蓄水位)时,在工业民用供水保证率不低于 96.8%的情况下,使工业民用供水量增加至 140×10^6 m^3/a,较原计划 118×10^6 m^3/a 增加 22×10^6 m^3/a,增效很显著。

(4)建议试用考虑未来 24 h 降雨预报的汛限水位动态控制方案,即“接到大雨以上量级降雨预报,主汛期汛限水位由预蓄的 102.6 m 降至 102.0 m,后汛期汛限水位由预蓄的 103.0 m 降至 102.6 m”,白龟山水库的城市供水效益不变,且比不计降雨预报方案偏安全。

参考文献

[1] 周惠成.水库汛限水位动态控制方法研究[M]. 大连:大连理工大学出版社,2006.

[2] 程春田,王本德 . 短期气象降雨预报在水库防洪调度中的可行性分析[J]. 大自然探索,1994B(50):86-91.

[3] 程春田,王本德,陈守煜 . 交互式的多目标水库防洪模糊优化调度[J]. 水利管理技术,1993(4):8-11.

[4] 陈守煜 . 系统模糊决策理论与应用[M]. 大连:大连理工大学出版社,1994.

[5] 陈守煜 . 模糊水文学与水资源系统模糊优化原理[M]. 大连:大连理工大学出版社,1990.

[6] 王本德 . 水库模糊优化调度[M]. 大连:大连理工大学出版社,1993.

[7] 王本德,梁国华,程春田 . 防洪实时风险调度模型及应用[J]. 水文,2000,20(6):4-8.

[8] 徐玉英,王本德 . 水库洪水预报子系统的风险分析[J]. 水文,2001,20(2):1-4.

[9] 河南省水利勘察设计院 . 白龟山水库除险加固工程初步设计报告[R]. 郑州:河南省水利勘察设计院,1997.

[10] 大连理工大学,白龟山水库管理局 . 昭－白水库群实施洪水预报调度系统技术报告[R]. 大连:大连理工大学,1999.

[11] 大连理工大学,河南省水利勘察设计院,白龟山水库管理局 . 河南省白龟山水库汛限水位设计运用研究报告[R]. 大连:大连理工大学,2004.

[12] 魏水平,田庆贺,田力 . 河南省白龟山水库洪水资源最大化利用研究[C]//青年治淮论坛论文集 . 北京:中国水利水电出版社,2006:451-456.

[13] 田力,田庆贺 . 联合防洪补偿调度在梯级水库中的应用研究[J]. 水利建设与管理,2007(1):74-76.

[14] 魏恒志,田力 . 降雨预报误差对水库防洪预报调度的影响分析[J]. 水利建设与管理,2007(5):71-73.